우리 가족의 별명은

아기가 뱉은 공기 한 모금이 귤 향기처럼 방을 채웠어요.
저는 그걸 마신다는 상상에 웃음이 났습니다.
아빠가 된 후 누군가를 좋아하고 사랑한다는 건
바로 이거라고 생각했어요.
사랑하는 사람이 있다면 약속 같은 건 하지 마세요.
말보다 행동이 진짜랍니다.
보여주세요. 사랑한다면. 지금 바로!

아이와 함께
행복한 글씨앗을
심으세요!

> 66
> 쫄깃한 고기에 영양만점 대추와 탱글탱글한 당면이 잘 어우러졌다.
> 시원하고 깔끔담백한 육수가 일품이었다.
> 99

> 66
> 물감처럼 파랗던 하늘은 점차 어두워지고 있다. 비가 오려나 보다.
> 도로에는 퇴근하는 차들이 많다.
> 하얀 차, 파란 차, 회색 차, 버스... 종류도 참 다양하다.
> 99

고작 열 살을 넘긴 아이들의 글에서 이런 문장을 볼 때면 전율을 느낍니다. 그럴 듯한 어휘나 문장 때문이 아닙니다. 어리기만 한 줄 알았던 아이가 자신의 삶을 꼭꼭 씹어서 정성껏 살아내고 있는 게 보이기 때문입니다.

평범한 한 끼 식사나 창밖의 풍경에서 행복을 찾고, 믿었던 친구의 배신을 통해 부쩍 담담해진 자신을 발견합니다. 복사기가 내뱉는 유인물처럼 똑같은 하루가 반복된다고 생각했는데 글을 쓰면서 모두가 다른 삶을, 어제와는 다른 오늘을 살고 있다는 걸 알게 되죠. 그러면서도 우리가 사는 모습은 참 비슷한 구석이 많다는 점도 눈치챕니다.

대부분의 아이들은 가르치지 않아도 많은 것을 표현할 수 있습니다. 우리의 일상은 수많은 언어로 이루어져 있기 때문이죠. 이미 언어로 생각하고 언어로 표현해왔습니다. 글을 쓴다는 것은 단지 그 일을 눈앞에 보이는 문자로 옮긴다는 거죠.

그러므로 글쓰기는 두렵고 어려운 일이 아닙니다. 오히려 즐겁고 재미있는 일이죠. 아이들이 자신의 이야기를 마음껏 펼치도록 판을 깔아주세요. 이 책에 담긴 216개의 질문과 24개의 글놀이가 우리 아이들을 글쓰기의 세계로 이끌어줄 겁니다. 엄마, 아빠도 글쓰기를 한번 맛보면 좋겠습니다. 이 일은 숙제도 과제도 아닙니다. 재미있는 놀이이고 이야깃거리이고 서로의 마음을 보여주는 일입니다.

써보기 전에는 속단하지 말아요. 일단 쓰면 전혀 다른 생각이 들 테니까요. 여러분 모두의 글쓰기를 응원합니다. 지금 바로 쓰십SHOW.

글선생 권귀헌

차례

1

왜
글을 써야
하는가?

우리가 글을 써야 하는 이유는 4가지로 정리할 수 있습니다. '공부머리, 언어능력' 등은 이 과정에서 부수적으로 얻을 수 있습니다.

첫째, 두드림입니다.

글쓰기는 표현을 넘어 생각을 만들어가는 사고 과정입니다. 우리가 어떤 주제에 대해 아무리 많이 알아도 글로 써보기 전까지는 제대로 안다고 할 수 없습니다. 자신이 쓴 글을 다시 읽으면서, 즉 고쳐 쓰고 다듬는 과정을 통해 우리는 깊고 다양하게 생각해볼 수 있습니다. 또 글쓰기를 통해 개인의 문제는 물론이고 타인의 문제에도 관심을 기울이게 됩니다. 이는 곧 개인과 타인, 개인과 사회의 관계를 규정하는 기준이 되죠. 이 과정에서 우리는 삶의 철학, 가치관, 방향을 분명하게 세울 수 있습니다.

둘째, 대화입니다.

글은 시공간을 초월해 소통하게 해줍니다. 자신이 쓴 글은 밤이든 낮이든 나를 대변해 줍니다. 요즘은 특히 SNS가 발달해 자신의 글을 유통하는데 비용이 들지 않죠. 영상을 제작하는 일에 비하면 시간도 많이 필요하지 않습니다. 주변 사람들, 때로는 지구 반대편에 있는 외국인과도 적극적으로 소통하고 교감하는 행위가 바로 글쓰기입니다. 누군가의 글을 통해 그를 더 잘 알게 되기도 혹은 새로운 면을 보기도 합니다.

셋째, 배설입니다.

요즘 현대인들이 감정 표현하는 것을 보면 변비 상태에 가깝습니다. 감정은 실체가 없고 모호한 반면, 글쓰기는 언어를 다루는 논리적 행위로 구체적이고 가시적입니다. 감정을 글로 옮기면 분명해집니다. 글쓰기로 감정을 관리하면 더 건강해질 수 있습니다. 긍정적인 경험은 더 큰 에너지를 불러일으킵니다. 부정적인 경험을 글로 옮기면 감정이 해소되기도 합니다.

넷째, 탐험입니다.

글쓰기는 무의식에 접근하는 여정이기도 합니다. '똑똑' 하고 글을 쓰다보면 평소에는 들어가기 힘든 장기기억의 창고가 열리죠. 쓰는 만큼 우리는 새로운 스토리를 발견할 수 있습니다. 내게도 이런 기억이 있었나 하고 놀랄 때가 한두 번이 아닙니다. 좋든 싫든 그 기억은 오늘을 살아가는 힘이 됩니다. 역사에서 교훈을 얻듯 나의 스토리를 통해 삶의 방향을 정립하는 일도 가능합니다.

이상은 "왜 글을 써야 하는가?"라는 질문에 대한 저의 답입니다. 그렇다면 아이들이나 학부모에게 이런 목적을 내세우면 고개를 끄덕일까요? 아쉽게도 그렇지 않습니다. 이런 목적은 이상적이고 지루합니다. 바람직하다고 해도 와닿지 않습니다. 오히려 앞에서 살짝 언급한 공부머리, 이해력, 언어능력 같은 실용적인 단어가 매력적입니다.

하지만 제 집필실에 글을 쓰러 오는 아이들은 일상 글쓰기를 통해 이 4가지를 곧잘 경험합니다. 너무 먼 이야기 같지만 바람직한 방향을 정하고 적절히 지도하면 아이들도 글쓰기를 통해 본질을 건드린다는 말이죠.

이 책이 아이들에게는 첫 글쓰기 책이길 바랍니다. 그래서 이렇게 글쓰기의 참된 역할을 말씀드렸습니다. 기꺼이, 즐겁고 행복한 글쓰기를 하면 언어능력과 공부머리는 저절로 따라옵니다. 그걸 전면에 내세우지 않았으면 합니다.

2

아이들은
무엇을
써야 하는가?

> 애가 맨날
> 말도 안 되는
> 소리를 써요.

> 일기는 대충 쓰고
> 자기가 좋아하는
> 이야기만 잔뜩 써요.

　강의장에서 만나는 어머님들은 아이가 '말도 안 되는 소리'를 쓴다고 푸념합니다. 도대체 그 '말도 안 되는 소리'란 건 뭘까요? 짐작컨대 공부에 별 도움이 안 되는 이야기입니다. 일종의 소설이죠. 글의 형식이나 구조가 미흡하니 상상이야기라고 하겠습니다. 이런 글을 쓰도록 둬야 할까요? 네, 그렇습니다. 그냥 두세요.

　어떤 주제든 글에는 재료가 들어갑니다. 이를테면, 출발지의 풍경이나 동행자들의 도착 여부 등 여행을 출발하기 전 상황, 목적지로 이동하며 봤던 장면과 당시의 느낌, 도착한 뒤 했던 일련의 행동, 여행을 마친 뒤 지금 시점에서 떠오르는 생각 등이 재료가 됩니다. 상상이야기라면 우주 괴물의 이름과 성격, 기술과 필살기 혹은 약점, 주인공과 싸우는 장면이 재료가 되겠죠.

글 속에서 이런 재료가 등장하는 순서는 쓸 때마다, 쓰는 사람에 따라 달라집니다. 어떤 재료를 쓰느냐에 따라 독자를 잡을 수도, 놓칠 수도 있습니다. 자신과 가까운 소재일수록 독자는 관심을 보이겠죠! 흥미를 유지하기 위해서는 재료를 감각적으로 등장시켜야 합니다. 다음 재료가 무엇일지 궁금하게 만들어야 한다는 말입니다. '이번 여행을 절대 잊을 수 없다'와 같은 결론을 첫 문장으로 써서 궁금증을 유발할 수도 있습니다. '우주 괴물의 다음 표적은 지구였다'는 식으로 이야기의 흐름상 중간 재료를 먼저 꺼낼 수도 있겠죠. 그럼에도 불구하고 모든 단어, 문장, 문단, 흐름은 자연스럽고 매끄러워야 합니다.

말도 안 되는 이야기, 공부에 도움이 안 되는 이야기라고 단정 짓지 않았으면 합니다. 지금 아이가 쓰는 이야기가 어떤 의미를 남길지 누구도 확신할 수 없기 때문이죠. 글쓰기를 시작하는 아이들은 기꺼이, 쉽고, 재미있게, 풍부하게 쓸 수 있는 주제를 찾는 게 중요합니다.

어떤 주제로 글을 쓰든 구조나 구성, 표현이나 어휘를 고민해야 합니다. 이 과정이 결국 논리적인 활동이에요. 주제가 공부에 도움이 될지는 걱정하지 않아도 됩니다. 많이 쓰고 읽는 이의 반응을 살피며 자꾸 고치다보면 논리는 튼튼해질 수밖에 없습니다.

즉, 말도 안 되는 소리, 이를 테면 우주를 창조하고 무인도를 탈출하고 게임 속 캐릭터가 되어 책이랑 연필과 하늘을 날아다니는 글을 쓴다고 해도 그냥 두세요. 옆에서 그 글이 매끄럽고 자연스럽게 이어지는 한 편의 글이 되도록 독자가 되어 응원하고 지지해주세요. 무슨 소리인지 도무지 이해가 안 된다고 해도 내용을 가리켜 이게 뭐냐고, 이런 거 쓰지 말라고 하지 마세요. 대신 정확하고 간결하게 글을 다듬을 수 있게 도와주세요. 다른 이들에게 너의 놀라운 아이디어가 제대로 전달이 되는지 따져보라고 격려해주세요.

글쓰기에서 주제는 중요하지 않습니다. 그걸 어떤 재료로 어떻게 쓰느냐가 관건입니다. 처음 시작하는 아이들에게는 이것만 신경 써주세요.
'기꺼이, 쉽고, 재미있게, 풍부하게!'

기꺼이, 쉽고,
재미있게,
풍부하게!

3

글 쓰는
아이들은
무엇이 다른가?

아이들이 글을 쓰면 공부머리는 물론 이해력과 언어능력이 크게 향상됩니다. 글쓰기를 통해 향상되는 능력은 다음 5가지입니다. 이는 생각을 구성하는 요소이기도 합니다.

❗ 문장력

머릿속 생각을 문자로 정확하게 옮기는 능력입니다. 이게 무슨 소리냐고 하실 텐데 아이들은 A라고 생각하면서 B라고 쓰거든요.

> **"**
> 계속 아까 삐쳐서 못 놀아서 그래서 외로웠다.
> **"**

초등 3학년의 글입니다. 무슨 뜻일까요? 아이는 이런 생각이었다고 해요.

> " 친구랑 놀다가 싸워서 화가 났다. 그래서 혼자 놀았는데
> 친구가 미안하다고 했지만 기분이 안 풀렸다. 그런데 좀 지나고
> 보니 자기들끼리 잘 놀고 있더라. 그래서 외로웠다. "

설명을 들어야 이해가 된다면 문장력이 부족한 것입니다. 하지만 귀찮아서, 손이 아파서, 기억이 안 나서, 생각하기 싫어서 아이들은 대충 쓰고 맙니다. 이런 습관으로는 문장력이 좋아지지 않습니다. 결정적인 순간, 이런 글은 선택받지 못합니다. 몇 주 동안 열심히 다듬어낸 자기소개서가 불과 2~3분 만에 불합격자 더미로 분류됩니다.

문장력은 소통의 기본입니다. 읽을 때마다 무슨 소리인지 이해가 안 된다면 기본이 안 된 학생이라고 판단하겠죠? 문장력은 오직 글쓰기를 통해서만 기를 수 있습니다.

❗ 구성력

구성력은 이야기를 흥미롭고 재미있게 하는 능력입니다. 뻔한 결론도 궁금하게 만드는 능력 또한 글쓰기로 체득할 수 있습니다. 자기 글을 발표하고 친구들의 반응을 살피는 과정을 통해 아이들은 읽는 사람을 생각하며 글을 쓰게 됩니다. 즉, 독

자를 고려한 글쓰기를 한다는 말이죠. 아직 어린 아이들에게 이게 가능한 일일까요? 당연히 가능합니다.

자신이 쓴 글은 꼭 발표를 시키고 친구들의 반응을 보도록 하세요. 물론 이런 분위기가 어색하지 않게 판을 짜는 과정이 선행되어야 하지만, 중요한 것은 '재미있고 흥미로운 글을 쓰고 싶다'는 마음을 갖게 하는 일입니다. 이런 태도로 글을 쓸 때 글감들을 흥미롭게 배치하는 능력을 기를 수 있습니다.

구성력은 주장하는 글쓰기, 설명하는 글쓰기 등의 논리적인 글쓰기에도 도움을 줍니다. 왜냐하면 이런 글의 형식은 수학공식처럼 따르기만 하면 되니까요. 구성력을 갖춘 아이에게 글의 논리는 문제가 안 됩니다. 쓸 재료만 준비되면 쓰는 건 일도 아닙니다.

❗ 상상력

무관한 듯한 재료를 연결해 한 편의 글에 넣는 게 상상력입니다.

> "
> 선생님과 함께한 1년은
> 짧은 소설을 읽은 것처럼 빨리 지나갔어요.
> "

3학년 아이가 담임선생님과 헤어지며 이런 내용을 편지에 담았습니다.

제 아들은 아빠의 방귀냄새가 지독하다는 글을 쓰며 이렇게 표현하기도 했습니다.

> **임진왜란 때 도요토미 히데요시가 이 냄새를 맡았다면**
> **아마 전쟁은 훨씬 빨리 끝났을 것이다.**

선생님과 함께한 시간을 소설 읽기에 비유하고, 아빠의 방귀를 400년 전 조선으로 가지고 가는 건 상상력 없이 불가능한 일입니다. 저는 이런 상상력이야말로 미래에 가장 필요한 능력이고 창의성의 원천이라 생각합니다.

이런 상상하기는 연필 한 자루와 몇 장의 종이만 가지고도 할 수 있습니다. 글쓰기에서는 불가능한 게 없습니다. 복잡한 공식을 외우거나 가설을 세울 필요도 없습니다. 유독가스에 중독되거나 폭발할 우려도 없지요. 맘껏 연결하고 붙이고 이어도 됩니다. 맘에 안 들면 다시 떼거나 버려도 무방합니다. 글쓰기에서는 모든 게 허용됩니다.

❗ 감수성

글쓰기에 재미가 들면 글을 더 잘 쓰고 싶어집니다. 이를 위해서는 글감을 찾아야 하는데 이게 바로 아이들의 감수성을 길러줍니다.

> **바람이 산들산들 분다. 힘센 나뭇잎은 바람이 무서워 감싸주지만 힘이 약한 잔디는 바람이 만만하게 보고 날려버린다. 가족들이 산책을 나왔나 보다. 다 행복해 보인다. 덩달아 참새도 기분이 좋아 짹짹거리며 노래한다.**

5학년 학생이 표현한 공원의 풍경입니다.

글 쓰는 아이는 자신뿐만 아니라, 주변에 관심이 생기고 자연의 변화, 세상의 사건 사고에 눈을 뜨고 귀를 열게 됩니다. 혼자 사는 세상이 아닙니다. 마음 따뜻하고 주변과 어울릴 줄 아는 사람이 되는 건 모든 부모의 바람이 아닐까요?

❗ 질문력

무조건 받아들이지 않고 질문하는 일은 변화와 성장의 출발점입니다. 기존의 결과를 아무런 의심 없이 받아들이면 현 상태에 머물거나 오히려 퇴보할 수 있습니다. 아이들에게 새로운 관점과 새로운 문제를 찾게 해주는 원동력이 바로 질문입니다.

글을 쓰는 일은 질문을 만들고 그 질문에 답을 하는 일입니다. 그래서 저는 글쓰기를 '물음표와 느낌표의 끝없는 이어달리기'라고 정의했습니다. 글을 쓰는 아이는 질문을 만드는 일에 익숙해집니다. 당연하게 받아들이지 않고 물음표를 붙입니다.

이 책은
어떻게
구성되었나?

216개의 질문과 24개의 글놀이가 담겨 있습니다. 질문을 접하는 순간 쓸 말이 바로 떠오를 수도 있고, 고민의 과정을 거쳐야 할 수도 있습니다. 상상해서 답을 만들어내야 하는 질문이 있는 반면, 자신의 경험을 돌아보며 기억을 들춰 봐야 하는 질문도 있습니다. 때로는 눈앞에 있는 것을 본 대로 쓰기도 하고, 춤을 추거나 노래를 불러야 할 때도 있습니다.

이 모든 질문, 즉 제가 던지는 글감은 아이들이 기꺼이, 쉽고, 재미있게, 풍부하게 쓸 만한 것들입니다. 제가 아이들과 수업하며 글감으로 제안한 것 중 반응이 좋고 꽤 좋은 글로 키워냈던 주제들만 추렸습니다.

아이들의 기질이나 언어능력에 따라 쓰기 편한 분야가 다릅니다. 관찰한 것을 잘 쓰는 아이, 상상이야기를 잘 만드는 아이, 자신의 경험을 촘촘하게 쓰는 아이, 하나부터 열까지 자세하게 설명하는 글에 강한 아이가 있는 거죠. 그래서 이 책에 담긴 질문은 이런 분야를 골고루 담고 있습니다.

24개의 글놀이는 단어를 찾는 단순한 것에서 시작해 공통점을 찾아 기록하거나 단어로 이야기를 만드는 등 한 편의 글을 쓰는 단계에 이르기까지 다양하게 구성되어 있습니다. 또 게임의 성격을 띠도록 상황도 부여하고, 엄마나 아빠와 시합처럼 겨룰 수 있도록 임무를 제시하기도 했습니다. 가족이 함께 시간을 내어 해본다면 웬만한 놀이만큼 즐겁게 할 수 있을 겁니다.

이 책은
어떻게
활용하는가?

✔ 엄마, 아빠가 먼저 시범을 보이세요.

연필과 종이로 서로의 생각과 감정, 마음을 확인해보는 겁니다. 지금 바로 '엄마가 콧수염을 기르면 어떤 일이 생길까요?'라는 질문에 자유롭게 답해보세요. 저는 이렇게 써봤답니다.

> ❝
>
> 엄마가 콧수염을 기르면 아침마다 면도를 하느라 밥을 못하겠지?
> 그러면 너희들은 아침을 못 먹고 학교에 가야 할 거야.
> 동네 사람들은 엄마의 콧수염을 보며 쑥덕거리겠지.
> 지금 종이를 잘라서 엄마 코 밑에 한번 붙여볼까?
>
> ❞

✔ 충분히 설명해 주세요.

질문을 쉽게 썼지만 아이들이 이해하지 못할 수 있습니다. 질문의 취지와 함께 글쓰기의 방향까지도 아이들이 알았으면 합니다. 어떤 내용을 써도 좋다는 거 말이에요. 그래서 이 책을 집어 드는 일이 부담스럽지 않았으면 좋겠어요.

✔ 마음대로 쓰세요.

이 책은 답을 바라지 않습니다. 그저 여러분이 기꺼이, 쉽고, 재미있게, 풍부하게 써보길 바랄 뿐입니다. 뭐가 되든 괜찮아요. 뭘 꺼낼지는 순전히 여러분의 몫이니까요. 엄마, 아빠가 선두주자입니다. 달려가는 모습 그대로 따라올 확률이 높습니다. 그러니 재미있게 써봐요. 공부가 아닙니다. 즐거운 교감이라 생각하세요.

✔ 차례대로 답하지 않아도 됩니다.

순서는 없습니다. 그날 상황에 따라 어떤 질문은 매력적이지 않을지 몰라요. 그럴 때는 그냥 넘어가세요. 마음이 가는 글감을 잡는 게 유리합니다. 끌리는 녀석일수록 여러분 내면의 에너지를 더 쉽게 꺼내올 테니까요. 그래야 기꺼이, 쉽고, 재미있게, 풍부하게 쓸 수 있습니다.

✔ 간식을 준비하세요.

글쓰기를 글쓰기로만 접근하면 지루하기 쉽습니다. 입에 달달한 게 들어오면 마음도 넉넉해집니다. 머리도 잘 돌아가고요. 글 쓰는 일이 좋은 기억으로 남아야 합니다. 먹거리가 큰 역할을 할 겁니다. 물론 성대한 만찬을 의미하는 건 아닙니다. 쩝쩝거릴 정도면 충분합니다.

마음에
꽃을 심는 습관

질문을 허락하세요.

아이의 마음은 늘 궁금한 것으로 넘쳐야 합니다.

문자에 익숙지 않은 아이가 주변 사람에게 물어보면서

답을 찾는 건 본능입니다.

물론 어른은 바쁘죠.

늘 할 일이 줄 서서 기다리고 있습니다.

그런 부모에게는 시답잖은 질문에 답하는 일이

번거롭고 귀찮을지 모릅니다.

하지만 아이에게는 세상을 배워가는 유일한 방법이 질문입니다.

오늘은 한 번도 경험한 적이 없는 새로운 하루입니다.

첫사랑처럼 가슴이 설렙니다.

무슨 일이 생길지 기대됩니다.

누구를 만날지 궁금합니다.

오늘이 어제와 같다고 생각하시나요?

그렇지 않습니다. 비슷한 듯해도 전혀 다른 하루입니다.

오늘을 내 인생에 단 하나뿐인 날로 만드는 건

전적으로 내 손에 달려 있습니다.

일단 웃어봅시다. 하하하, 하하하!

행복은 내가 가진 것을 제대로 사용하는 데에서 시작됩니다.

두 눈으로 사랑하는 사람을 그윽하게 바라볼 수 있습니다.

두 귀로 그들의 이야기에 귀를 기울일 수도 있죠.

또, 손은 두 개가 있으니 도움이 필요한 사람에게

한 손을 내밀어 줄 수 있습니다.

따뜻한 가슴으로 힘들어하는 친구를 안아줄 수 있습니다.

다만 입은 하나뿐이니 꼭 필요한 말만 따뜻하게 해주면 좋겠어요.

이 세상에서 가장 불행한 사람은 느끼지 못하는 사람입니다.
귀를 막고 있으면 봄의 기지개 소리를 들을 수 없습니다.
눈을 감으면 바람이 간질이고 지나가는 나뭇잎의
잔잔한 미소를 볼 수 없겠죠.
문을 열고 밖으로 나가 보세요.
세상은 매 순간 조금씩 조금씩 변하고 있습니다.
그걸 느껴 보세요.
상관없던 풀 한 포기도 모두 친구가 됩니다.

어떤 일을 할 때 현명한 사람은 방법을 찾고,
어리석은 사람은 핑계를 찾는다고 합니다.
부정적인 생각은 나쁜 기운을 불러옵니다.
주변 사람들의 에너지도 갉아먹습니다.
결국 좋지 않은 결과를 보며 남의 탓만 하게 됩니다.
할 수 있다는 생각과 다짐만으로도 기분은 좋아집니다.
두렵고 낯선 상황에서도 자신을 믿으세요.
나부터 나 자신을 지지하고 응원해야 합니다.

시간은 힘 있는 자에게 아부하지 않습니다.

그렇다고 약한 자에게 관대하지도 않죠.

동서고금, 계급고하, 남녀노소를 막론하고

다른 잣대를 들이대지 않습니다.

만인은 시간 앞에 평등합니다.

10년, 20년이 지나면 왜 이렇게 사는지

다른 핑곗거리를 찾을 수 없습니다.

어떤 변명도 할 수 없다는 말이죠.

나는 내가 만든 사람입니다.

나의 생각, 판단, 결정, 행동이 나의 지금을 만들었기 때문입니다.

사회에는 밝은 곳만 있지 않습니다.

어두운 곳에서 쪼그리고 앉아

나의 실패를 바라보며 웃는 사람들이 존재합니다.

빛뿐 아니라 그림자 또한 나를 향해 드리웁니다.

안타깝고 불행한 일이지만 현실이죠.

중요한 것은 우리를 흔드는 그들의 눈빛과 말에 좌절하지 않는 겁니다.

그건 꿈이 아니야, 말도 안 되는 소리 하지 마, 정신 좀 차려!

이런 말은 결코 우리를 무릎 꿇릴 수 없습니다.

어리석음이야말로 인간의 위대한 결함입니다.

그 어리석음 때문에 조건 없이

마음을 주고 눈물 흘리며 아파하죠.

그러나 그 어리석음이 우리를 따뜻한 존재로 만들어줍니다.

날카로운 고드름으로 자기 구역을 보호하기보다 후회할지언정

어리석은 사람이 되는 게 낫습니다.

사람이 사람을 사랑하는 것보다 아름다운 일은 없지 않나요?

어리석어 보지 않으면 세상의 절반을 보지 못한 셈입니다.

아이에게도 그런 사랑을 보여주세요.

글쓰기는 현재를 충실하게 살도록 돕습니다.

한 번도 주의 깊게 보지 않았던 자신의 몸을 살펴보세요.

몸을 탐험하는 겁니다.

그 속에 자신의 삶이 오롯이 녹아 있습니다.

공룡 화석을 발굴하는 고고학자처럼,

심해 생물을 찾아 나선 생물학자처럼 자신의 몸을 살피세요.

살짝 덮여 있던 자신의 역사를 캐내세요.

오늘을 더 의미 있고 성실하게 마주할 수 있습니다.

'넘버원이 아니라 온리원이 되어야 한다'는 말이 유행입니다.

치열한 경쟁에서 살아남아 1등이 되기보다

자신만의 영역을 개척하는 선구자가 되라는 거죠.

그런데 신기하게도 우리의 삶은 그 자체로 이미 온리원입니다.

바다 너머 다른 곳에 당신이 또 있나요?

당신의 삶을 살아주는 다른 누군가가 있나요?

당신은 이 세상에서 유일한 존재입니다.

그 사실 하나만으로도 특별합니다.

세상에 수만 가지의 직업이 있음에도 불구하고

교사, 공무원, 법조인, 의사 같은 직업에만 목을 매는 이유가 뭘까요?

무슨 일을 하는지 알기는 할까요?

어리다면 아직 꿈이 없을 수도 있습니다.

갖고 있던 꿈도 바뀔 수 있죠.

세상은 변하니까 아이의 마음도 장래희망도 달라질 수 있습니다.

중요한 건 아이가 어떤 삶을 원하는지 스스로 아는 것입니다.

자신이 어떤 사람인지 이해하는 게 우선입니다.

이 세상에 완벽한 사람은 없습니다.

모든 일을 혼자 해낼 수 없다는 말이죠.

다른 사람의 도움이 필요합니다.

그러니 도움 요청하는 일을 주저하지 마세요.

궁금하면 물어보고 의견도 구하세요.

물론 상대방의 호의를 당연하게 생각해서는 안 됩니다.

고마워하고 보답해줘야 합니다.

반대로 누군가 나에게 이런 손길을 바란다면 도와줘야 합니다.

나눌 수 있는 만큼 나누면 더 커지는 게 우리의 삶입니다.

세상일에 경험이 많지 않다고 상대방을 얕봐서는 안 됩니다.

때 묻지 않고 깨끗한 사람일 수 있습니다.

오히려 세상일에 경험이 많을수록

남을 속이는 재주 또한 깊을 수 있다는 사실을 알아야 합니다.

세상살이에 능숙하면서도 소박할 줄 알고

치밀하면서도 소탈한 사람을 가까이하세요.

가진 것이 적어도 나누고 타인의 입장을 헤아릴 줄 아는 사람을 사귀세요.

우리 자신도 그렇게 되어갈 테니까요.

세찬 바람과 성난 빗줄기에는 새들도 근심합니다.

개운한 바람과 맑은 하늘에는

나무와 풀도 노래를 부르지요.

슬픔은 오래도록 품지 마세요.

즐거운 마음을 되찾도록 노력하세요.

화가 치솟아 소리를 지르고 싶다면 그리 해도 좋아요.

때로는 숨기고 덮는 것이 화를 키우기 때문이죠.

하지만 상대를 비난해서는 안 됩니다.

적절히 표현하고 합당하게 마무리해야 합니다.

흙바닥에 자리를 펴고 누워 가만히 하늘을 봅니다.

구름끼리 부르는 소리가 들리나요?

이번에는 눈을 감고 한숨 가득 들이마십니다.

가슴 저 깊숙한 곳에서 올라오는 경쾌한 탄성이 들리나요?

그래, 바로 이 맛이야!

밤이 되면 별이 쏟아집니다.

미처 눈길을 주지 못한 별은 꿈속으로 찾아와 인사를 하고 가지요.

하늘 한 번 봤을 뿐인데 마음이 이렇게 편해집니다.

평범한 일상도 문장에 담기는 순간 스토리가 됩니다.

삶은 그런 스토리의 연속입니다.

일상이 스토리고 삶이 문학이라는 말입니다.

떠오르는 단어를 적당히 배치하면서

자신의 마음과 감정을 풀어내보세요.

어색하고 어울리지 않는 표현이어도 괜찮아요.

문장이 꼬리에 꼬리를 물면 한 편의 글이 됩니다.

다 쓰고 고치면 됩니다.

일단 써보는 게 먼저예요. 쓰세요.

가까이하고 싶은 사람이 있고

멀리서만 지켜보고 싶은 사람이 있습니다.

다시는 보고 싶지 않은 사람이 있는 반면

매일 만나고 싶은 사람도 있습니다.

매일 가까이하고 싶은 사람이 되어 봐요.

환한 표정으로 대하고 미소를 짓는 거죠.

부드럽게 말하고 귀담아들어요.

함께하는 것만으로도 괜스레 기분이 좋아지는 그런 사람이 되어요.

바라보는 것만으로도 힘이 되는 근사한 사람이 되자고요.

가진 것에 행복할 줄 알아야 합니다.

만족하는 자세가 중요합니다.

그러나 만족하되 안주해서는 안 됩니다.

어제보다 더 나은 내가 되도록 힘써야 합니다.

초조해할 필요는 없어요.

먼 길을 돌았다고 자책하지 말아요.

복잡하고 힘들었던 시절이 지금의 나를 만들었습니다.

빛은 퍼지고 향은 번지잖아요.

굳이 내세우지 않아도 드러나기 마련입니다.

앞당기려 애쓰지 말고 충분히 단단해질 때까지 정진하세요.

인간의 내면에는 칼을 든 투우사와 호수를 바라보는 시인이 공존합니다.

우리는 삶의 순간순간 누구로 살아갈지를 결정합니다.

에너지를 쏟아야 할 때와 여유로움을 보일 때를 분별할 줄 합니다.

매사에 미지근해서는 목표를 이룰 수 없습니다.

우리가 실패하는 이유는

감당할 수 없는 무게 때문이 아니라 중심을 잃어서니까요.

평소 탄탄한 심성을 가꿔야 합니다.

타인의 입김에 넘어져서는 안 됩니다.

달은 늘 앞면만 보여주고 있습니다.

그래서 우리는 달에게도 뒷면이 있다는 사실을 잊고 살죠.

손에도 손바닥과 손등이 있습니다.

매사에 한 면만 봐서는 잘못된 결정을 내릴 수 있다는 말입니다.

두루두루 살펴보는 습관을 가져야 합니다.

한 사람 말만 듣고 말을 전해서도 안 됩니다.

관계된 사람 모두 입장이 다르기 때문이죠.

잊지 마세요. 달에게도 뒷면이 있습니다.

보이는 것만 믿지 말아요.

변명 중에서도 가장 어리석고 못난 변명은

'시간이 없었다'는 변명입니다.

시간은 늘 있습니다.

다만 중요하지 않는 일에 썼을 뿐이죠.

아무것도 안 하고 있었다면 아무것도 안 한 데 시간을 쓴 겁니다.

그러니 중요한 일을 결정하고

그 일을 해결하는데 내 시간과 에너지를 써야 합니다.

모든 일을 다 잘할 수는 없습니다.

나에게 소중한 일을 분별하는 게 중요한 이유입니다.

글을 얼마나 읽었는지보다 읽은 만큼

그리고 읽은 대로 살아가는지가 중요합니다.

글을 얼마나 썼는지보다 쓴 만큼

그리고 쓴 대로 살아가느냐가 기준입니다.

책은 중요하지만 책이 전부는 아닙니다.

책은 세상을 알아가는 도구이며 나와 세상을 연결하는 수단일 뿐이지요.

앎(knowing)이 함(doing)과 삶(living)으로 연결되지 않으면

지식은 껍데기일 뿐입니다.

세상은 책 밖에 있습니다.

내게 온 사랑을 계산하는 순간 관계는 구속이 됩니다.

사랑은 거래가 아닙니다.

특히 부모자식 간에는 무엇을 해주는지,

얼마나 많은 돈과 시간과 노력을 쏟았는지 따지지 마세요.

아이들은 입력한 대로 출력하는 기계가 아닙니다.

아이에게 큰나무가 되어 주세요.

부모 당신의 삶을 굳건하게 살아내는

인생의 롤모델이면서 동시에

변함없는 지지와 응원을 얻을 수 있는 쉼터가 되어 주세요.

소통일기

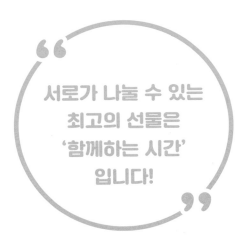

> **서로가 나눌 수 있는
> 최고의 선물은
> '함께하는 시간'
> 입니다!**

늘 아이에게 더 많은 사랑과 관심을 주고 싶은 것이 부모의 마음이지만, 정작 '아이의 마음이 이해되지 않을 때, 아이와 시간을 함께 보내고 싶은데 무엇을 해야 좋을지 모를 때'가 많습니다.

어떤 부모가 되고 싶은가요? 어떤 부모로 기억되고 싶은가요? 매일 저녁, 5분만 시간을 내 이 책의 질문에 아이와 함께 답해보세요. 엄마, 아빠와 함께 소통일기를 써내려간 순간과 마음을 솔직하게 터놓았던 시간은 아이에게 오래도록 기억될 것입니다. '행복'과 '글쓰기 실력'이 무럭무럭 자라나는 씨앗 심기를 지금 바로 시작해봅시다. 서로를 사랑하고 이해하는 마음이 더욱 커질 것입니다. 서로가 나눌 수 있는 최고의 선물은 '함께하는 시간'이라는 것을 기억하세요.

STAGE

1

질문 01 | 엄마가 콧수염을 기르면 어떤 일이 생길까요?

🌱 아이의 글 :

🌱 부모의 글 :

질문
02

온 가족이 모여 있는데 갑자기 방귀 냄새가 심하게 납니다. 모두 여러분이 방귀를 뀌었다고 생각합니다. 여러분은 뭐라고 할 건가요? 지금부터 일어날 일을 상상해서 써보세요.

🌱 아이의 글 :

🌱 부모의 글 :

질문 03 | 오늘 하루 중 가장 재미있고 즐거웠던 순간은 언제였나요? 살짝 웃기만 했어도 좋습니다. 그 일에 대해 한번 써볼까요?

🌱 아이의 글 :

🌱 부모의 글 :

질문 04 내일부터 한 살짜리 동생이 생긴다면 우리 가족의 생활은 어떻게 바뀔까요?

🌱 아이의 글 :

🌱 부모의 글 :

질문 05 | 아빠가 집에 들어오시는데 큰 상자를 하나 안고 계십니다. 그 상자에는 뭐가 들어 있을까요? 상자를 펼친 순간 어떤 일이 생길까요?

🌱 아이의 글 :

🌱 부모의 글 :

질문 06 | 머리가 빠져서(또는 배가 나와서/주름이 늘어서) 고민인 아빠를 어떻게 도와줄 수 있나요?

🌱 아이의 글 :

🌱 부모의 글 :

질문 07

자동차 타이어가 흰색이면 무슨 일이 생길까요?

🌱 아이의 글 :

🌱 부모의 글 :

질문 08

편지 한 통이 도착했습니다. 열어 보니 세계여행 쿠폰이 들어 있네요! 어디를 제일 먼저 가볼까요? 어떤 여행이 될지 써보세요.

🌱 아이의 글 :

🌱 부모의 글 :

질문 09

여러분이 암탉이라고 생각해보세요. 밤새 낳은 계란을 아침마다 주인이 가져갑니다. 어떤 생각이 드나요? 닭의 입장에서 불평불만을 써보세요.

 아이의 글 :

부모의 글 :

닮은꼴 놀이를 해봐요. 다음 빈칸을 재미있게 채워보는 겁니다. 사실과 조금 달라도 좋습니다. 자연스럽게 이어지도록 문장을 완성해봐요.

예) 사랑은 꿀처럼 달다.

1 **아빠는** _____처럼 _____.

2 **엄마는** _____처럼 _____.

3 **나는** _____처럼 _____.

4 **우리 집은** _____처럼 _____.

5 **학교는**
  (어린이집은)
  (유치원은) _____처럼 _____.

질문 10 마음껏 나이를 먹을 수 있다면 몇 살이 되어 보고 싶나요? 그 이유는 뭔 가요? 오늘은 무엇을 할 건가요?

 아이의 글 :

부모의 글 :

질문 11

엄마나 아빠 가슴에 안겨 보세요. 심장 소리가 들리도록 귀를 대고 꼭 안아달라고 하세요. 안겨 있을 때 기분이 어땠나요? 향기, 온도, 촉감 같은 것을 자유롭게 써보세요.

🌱 아이의 글 :

🌱 부모의 글 :

질문
12

똥과 관련된 경험이 있나요? 밟았거나 만졌거나 혹은 참느라 고생했던 경험을 써보세요. 동생의 기저귀를 치운 일도 좋습니다. 아니면 똥을 어떻게 생각하는지 짧게 써보세요.

아이의 글 :

부모의 글 :

질문
13

엄마는 어릴 때 어떤 간식을 먹었을까요? 엄마에게 물어보세요. 엄마
와 얘기를 나눴다면 엄마의 어린 시절 간식에 대해 짧은 글을 써보세요.

🌱 아이의 글 :

🌱 부모의 글 :

질문 14 여러분이 엄마나 아빠라면 집에서 제일 먼저 무엇을 바꿀 건가요? 왜 그렇게 하려는 거죠? 바꾼 다음 어떤 일이 생길까요?

🌱 아이의 글 :

🌱 부모의 글 :

질문 15

아빠가 잠꼬대로 '하지 마! 하지 마' 소리를 지르는 바람에 모든 가족이 깼습니다. 아빠는 무슨 꿈을 꾼 걸까요? 아빠의 꿈에 대해 써보세요.

아이의 글 :

부모의 글 :

질문 16

엄마와 함께 마트에서 장을 보고 있습니다. 엄마가 오늘은 특별히 먹고 싶은 과자를 두 개 사도 좋다고 하셨어요. 어떤 걸 고를 건가요? 그걸 사기로 한 특별한 이유가 있나요? 어떤 과자인지 자세히 소개해주세요!

🌱 아이의 글 :

🌱 부모의 글 :

질문 17

방문을 열고 들어갔더니 지우개와 연필이 싸우고 있습니다. 왜 자꾸 쓰느냐! 왜 쓰는 대로 지우느냐! 서로 주장이 팽팽합니다. 여러분은 누구 편을 들 건가요? 왜 그런가요?

🌱 아이의 글 :

🌱 부모의 글 :

질문 18

아침에 일어나 보니 옷장 속에 투명 망토가 있습니다. 그 망토를 걸치면 다른 사람들 눈에 보이지 않는 거죠! 여러분은 망토를 걸치고 방을 나갑니다. 이제부터 무슨 일이 일어날지 써보세요.

🌱 아이의 글:

🌱 부모의 글:

집 안에 숨어 있는 단어를 찾아보세요. 엄마와 여러분이 글자 하나를 정하고 그 글자가 들어간 사물을 3개 먼저 찾는 겁니다. 3라운드 시합 입니다. 시작!

선정한 단어	사물 1	사물 2	사물 3
예) 이	곰돌이 인형	종이	이쑤시개

STAGE
2

질문 01

야생동물 한 마리를 집에서 기를 수 있다면 뭐가 좋을까요? 그 동물이 집으로 들어온 이후 달라질 여러분의 하루에 대해 써보세요.

🌱 아이의 글 :

🌱 부모의 글 :

쓰는 대로 이뤄지는 마법의 일기장이 있습니다. 뭐라고 쓰고 싶으세요?

🌱 아이의 글 :

🌱 부모의 글 :

질문 03

아빠의 꿈은 뭔가요? 왜 이루고 싶어 하시나요? 어떤 노력을 하고 계신 가요? 아빠의 꿈에 대해 이야기를 나누어 보세요. 그리고 아빠의 꿈에 대한 글을 써보세요.

🌱 아이의 글 :

🌱 부모의 글 :

질문 04 싫어하는 음식이나 반찬에 대해 써보세요. 얼마나 끔찍한 맛인지 소개 해주세요.

🌱 아이의 글 :

🌱 부모의 글 :

질문 05

여러분은 지구수비대입니다. 지금 외계인이 지구를 공격하려고 합니다. 지구 밖으로 나갈 때 꼭 챙겨 갈 3가지를 쓰고, 그게 왜 필요한지 설명해 주세요.

🌱 아이의 글 :

🌱 부모의 글 :

**질문
06**

사방이 새하얀 방바닥에 연필 한 자루가 놓여 있습니다. 연필 옆에는 '이 방에서는 절대로…….'라고 누군가 쓰다만 글이 있습니다. 뒷부분을 한번 써볼까요?

🌱 아이의 글 :

🌱 부모의 글 :

질문
07

은영이는 잘 웃는 사람이 좋다고 합니다. 민수는 웃긴 이야기를 잘하는 친구와 함께 있으면 즐겁다고 해요. 여러분은 어떠세요? 어떤 사람과 함께할 때 즐겁고 행복한가요?

🌱 아이의 글 :

🌱 부모의 글 :

질문 08 | 뒤통수에도 눈이 있다면 무슨 일이 벌어질까요?

🌱 아이의 글 :

🌱 부모의 글 :

질문 09

사람들 모두 여러분의 사인을 받고 싶어 합니다. 유명한 사람인 게 분명합니다. 당신은 누구일까요? 어떤 일을 하고 있을까요?

🌱 아이의 글 :

🌱 부모의 글 :

맛있는 간식을 준비하세요. 그리고 엄마와 함께 그 간식의 특징을 찾아 하나씩 번갈아 쓰는 겁니다. 찾아 쓴 사람만 간식을 먹을 수 있어요. '바나나'를 예로 들면 '길다, 노란색이다, 껍질은 못 먹는다, 오래 두면 검게 변한다' 등을 쓸 수 있습니다. 최대한 많이 찾아 쓰고 간식도 많이 먹어요! 파이팅~

간식 이름

엄마가 찾은 특징	내가 찾은 특징

질문 10

일주일은 월화수목금토일 순입니다. 순서를 바꿀 수 있다면 어떻게 정할 건가요? 그렇게 되면 우리의 일주일은 어떻게 달라질까요?

🌱 아이의 글 :

🌱 부모의 글 :

질문
11

해가 진 뒤에도 윗집이 시끄럽습니다. 여러분은 층간소음으로 괴롭습니다. 윗집 아저씨에게 편지를 써볼까요? 어떻게 말씀드리면 조용해질까요?

아이의 글 :

부모의 글 :

질문 12 | 저녁 뉴스에 여러분의 얼굴과 이름이 크게 나왔습니다. 무슨 일일까요?

🌱 아이의 글 :

🌱 부모의 글 :

질문 13 │ 지금 바로 엄마나 아빠를 웃겨보세요. 웃으셨나요? 여러분은 어떻게 했나요? 엄마, 아빠는 뭐라고 하셨나요? 방금 전 그 일에 대해 써보세요.

🌱 아이의 글 :

🌱 부모의 글 :

DATE : _____ / _____

질문
14

"저녁 먹어!" 엄마가 불렀습니다. 저녁 메뉴가 뭐였으면 좋겠습니까? 어떤 반찬이 나올까요? 근사한 밥상을 한번 차려보세요!

아이의 글 :

부모의 글 :

질문 15 | 엄마 없는 세상은 어떨까요? 아침에 눈을 뜨고 나서 잠자리에 들기까지 엄마가 없는 하루에 대해 써보세요.

🌱 아이의 글 :

🌱 부모의 글 :

질문 16

여러분은 보물섬을 찾아나선 탐험가입니다. 그런데 보물섬에 다다르자 섬을 지키는 괴물이 나타났어요. 그 괴물은 어떤 동물의 모습을 하고 있을까요? 악당의 외모와 특별한 능력에 대해 써보세요.

🌱 아이의 글 :

🌱 부모의 글 :

질문
17

원하는 곳은 어디든 순식간에 갈 수 있는 '순간이동 기계'가 생겼습니다. 이 기계로 무엇을 할지 계획을 세워 볼까요?

🌱 아이의 글 :

🌱 부모의 글 :

질문 18

발은 답답한 신발 속에 갇혀 지냅니다. 그런 발 덕분에 여기저기 마음 껏 다닐 수가 있지요. 고생하는 발에게 따뜻한 위로와 격려의 말을 전 해주세요.

🌱 아이의 글 :

🌱 부모의 글 :

자음 12개를 종이에 써서 보이지 않게 접은 다음 섞어주세요. 상자에 넣어도 좋습니다. 이제 엄마, 아빠와 초성게임을 해봐요. 먼저 순서를 정하세요. 자신의 차례가 오면 종이 두 개를 고릅니다. 해당 자음으로 이뤄진 단어를, 고른 사람 포함 먼저 말하는 사람이 이기는 겁니다. 예를 들어 'ㄱ', 'ㅂ'을 골랐다면 '가방', '가발', '곤봉' 등을 답할 수 있겠죠! 참가자가 많으면 가장 늦게 말하는 사람이 지는 겁니다. 게임에서 나온 단어는 아래 칸에 모두 기록해주세요. 같은 단어를 두 번 말할 수 없습니다.

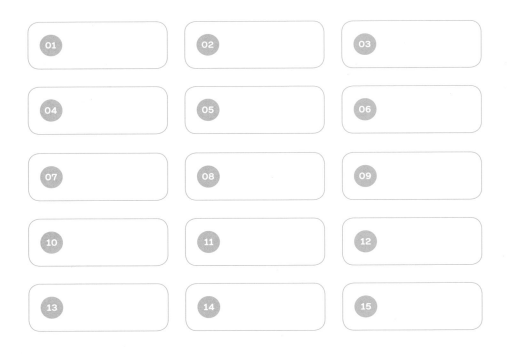

STAGE
3

질문 01

생일파티에 친구들을 초대했습니다. 음식은 차렸는데 숟가락과 포크, 젓가락이 모두 사라졌어요. 어떻게 할까요? 이 문제를 해결해 보세요.

🌱 아이의 글 :

🌱 부모의 글 :

질문 02

따뜻한 코코아와 시원한 아이스크림. 둘 중 하나를 고르고 먹는 상상을 해보세요. 어디에 앉아서 어떤 자세로 먹고 있나요? 어떤 맛인가요? 여러분의 표정은 어떤가요? 이외에도 떠오르는 것을 상상해서 써보세요.

🌱 아이의 글 :

🌱 부모의 글 :

질문 03

엄마, 아빠의 아들이나 딸로 태어나서 좋은 점은 무엇인가요?

🌱 아이의 글 :

🌱 부모의 글 :

질문 04

살고 싶은 상상의 집을 써보세요. 이 집에는 사탕과 과자는 물론 수영장, 놀이터 등 뭐든 갖다 놓을 수 있습니다. 이 세상 어디에도 없는 근사한 집을 지어 봐요.

🌱 아이의 글 :

🌱 부모의 글 :

질문 05 | 엄마의 엄마가 될 수 있다면 제일 먼저 무엇을 하고 싶나요? 엄마의 엄마로 보내는 하루에 대해 써보세요.

🌱 아이의 글 :

🌱 부모의 글 :

질문 06 실망하고 좌절했던 경험이 있나요? 기분이 어땠나요? 그 일에 대해 써 보세요.

🌱 아이의 글 :

🌱 부모의 글 :

질문 07

1주일 동안 똥을 못 누면 어떤 일이 벌어질까요?

🌱 아이의 글 :

🌱 부모의 글 :

질문
08

오늘 하루 종일 오이와 당근 중 하나를 선택해 10개를 먹어야 합니다.
무엇을 고를 건가요? 그 이유는? 먹을 때 어떤 기분, 어떤 표정일까요?
먹는 모습을 상상하며 쓰거나 그려보세요.

🌱 아이의 글 :

🌱 부모의 글 :

질문 09

내일 아침에 일어났는데 농구선수만큼 키가 커져 있다면 어떤 일이 생길까요?

🌱 아이의 글 :

🌱 부모의 글 :

엄마와 함께 초성게임을 해봐요. 아래 보기를 참고해서 문제를 만들어 주세요. 엄마는 과연 몇 문제를 맞히실까요?

보기

무엇에 관한 건가요? [엄마]

| ㄹ | ㅅ | ㅌ | → | 립 | 스 | 틱 |

① **무엇에 관한 건가요? [_____]**

② **무엇에 관한 건가요? [_____]**

③ **무엇에 관한 건가요? [_____]**

＊칸 개수에 꼭 맞추지 않아도 됩니다.

질문
10

최근에 갔던 여행에 대해 써보세요. 어디로 누구와 갔나요? 거기에서
무엇을 했나요? 가장 재미있었던 순간에 대해 말해주세요.

🌱 아이의 글 :

🌱 부모의 글 :

여러분은 유명한 호텔의 특급요리사입니다. 마음껏 재료를 넣어 근사한 요리를 만들 수 있는 능력이 있습니다. 엄마에게 어떤 요리를 만들어주고 싶으세요? 맛있는 상상의 음식을 만들어보세요. 요리에 이름도 붙여주세요!

🌱 아이의 글 :

🌱 부모의 글 :

질문 12

저 멀리 달까지도 볼 수 있는 안경, 어디든 순식간에 갈 수 있는 신발, 무엇이든 만들 수 있는 장갑. 이 3가지 중 하나를 갖게 된다면 무엇을 갖고 싶나요? 그걸로 무엇을 할 건가요?

🌱 아이의 글 :

🌱 부모의 글 :

질문 13

소방차는 왜 빨간색이고 구급차는 왜 흰색일까요? 그럴 듯한 이유를 써볼까요?

🌱 아이의 글 :

🌱 부모의 글 :

질문 14

여러분은 엄마를 도와 집안일을 하고 있습니다. 그런데 실수로 빨래를 넣지 않고 세제와 물만 넣고 세탁기를 돌렸습니다. 세탁기가 우당탕거리며 멈춰서더니 '탕' 소리와 함께 뚜껑이 열렸습니다. 이제 무슨 일이 생길까요?

🌱 아이의 글 :

🌱 부모의 글 :

질문 15 아침 식탁에 토스트와 함께 딸기잼, 포도잼, 사과잼이 올라왔어요. 어떤 잼을 발라 먹을 건가요? 하나만 발라 먹을 건가요? 어떻게 먹을지 써보세요. 그렇게 하는 이유도 써주세요.

🌱 아이의 글 :

🌱 부모의 글 :

질문 16

여러분은 놀이동산에서 롤러코스터를 타기 위해 기다리는 중입니다. 저 멀리 다른 놀이기구를 기다리는 한 아이가 여러분을 보며 뭐라고 소리를 칩니다. 무슨 말을 하는 걸까요?

🌱 아이의 글 :

🌱 부모의 글 :

질문 17

아빠가 누군가와 전화를 하고 있습니다. 그런데 말은 하지 않고 벌써 몇 분째 계속 웃기만 하시네요. 누구와 통화하는 걸까요? 무슨 내용일까요?

🌱 아이의 글 :

🌱 부모의 글 :

질문 18

친구와 신나게 놀았던 일을 떠올려 보세요! 누구와 어디에서 무엇을 하고 놀았나요? 그날 어땠는지 한번 써볼까요?

🌱 **아이의 글 :**

🌱 **부모의 글 :**

1주일 식단을 짜볼까요? 이번 주는 여러분이 좋아하는 메뉴로 식탁을 차려보세요. 엄마께서 맛있게 요리해주실 겁니다.

🍴	아침	점심	저녁
월			
화			
수			
목			
금			
토			
일			

STAGE
4

질문 01

다음 주 월요일부터 짝꿍이 바뀝니다. 누가 짝꿍이 되길 바라나요? 솔직한 마음을 써보세요.

🌱 아이의 글 :

🌱 부모의 글 :

질문 02

앞에 문이 세 개 있습니다. 각각 젤리, 초콜릿, 과자로 가득 찬 방이에요.
이 중 한 곳에서 하루를 보내야 한다면 어디로 들어가겠습니까?

🌱 아이의 글 :

🌱 부모의 글 :

DATE : _____ / _____

질문 03

여러분이 잘 알고 있는 것에 대해 써보세요. 좋아하는 만화영화나 게임 또는 캐릭터를 설명해도 좋습니다. 장난감 가지고 노는 법, 밥을 꼭꼭 씹어 먹는 법도 괜찮아요. 아무것이나 좋으니 설명해줄 수 있는 걸 하나 정해서 써보세요.

🌱 아이의 글 :

🌱 부모의 글 :

질문 04 │ 빨강, 주황, 노랑, 초록, 파랑, 남색, 보라색 음료수가 한 잔씩 있습니다. 이 중 딱 한 잔을 마실 수 있다면 무엇을 마실 건가요? 어떤 음료수인지 그 맛을 상상해서 써볼까요?

🌱 아이의 글 :

🌱 부모의 글 :

질문 05

아빠가 운동시합을 하고 있습니다. 온 가족이 응원을 갔는데 아쉽게 지고 있네요. 어떤 말을 들으면 아빠가 힘을 낼 수 있을까요? 응원의 말을 써보세요.

🌱 아이의 글 :

🌱 부모의 글 :

질문 06 | 엄마, 아빠가 여러분에게 했던 약속 중 지키지 않은 게 있으면 써보세요. 언제 했으며 어떤 약속이었나요? 왜 지키지 않았다고 생각하나요?

🌱 아이의 글 :

🌱 부모의 글 :

질문 07

여러분이 좋아하는 캐릭터 중 하나를 친구로 만들 수 있다면 누가 좋을까요? 그 친구와 함께 뭘 하고 싶으세요?

🌱 아이의 글 :

🌱 부모의 글 :

질문 08 엄마와 아빠가 싸워서 말을 하지 않습니다. 엄마, 아빠를 어떻게 화해시킬까요?

🌱 아이의 글 :

🌱 부모의 글 :

질문 09

사막 한가운데에서 동전을 잃어버렸습니다. 어떻게 찾을 수 있을까요?

🌱 아이의 글 :

🌱 부모의 글 :

놀이 01

주어진 문장에 이어질 재미있는 이야기를 만들어보세요. 엄마와 번갈아가며 아래 빈칸을 한 문장씩 채우세요.

> ## 주말이라 공원에 사람이 많았다.

1 나 : _____

2 엄마 : _____

3 나 : _____

4 엄마 : _____

5 나 : _____

6 엄마 : _____

7 나 : _____

질문 10

아빠에게 최근에 먹은 아이스크림에 대해 설명해주세요. 언제 어디서 누구랑 먹었나요? 어떤 맛이었죠? 어떻게 먹었는지 재미있게 써보세요.

🌱 아이의 글 :

🌱 부모의 글 :

질문 11

태양을 만지면 어떻게 될까요? 태양에 얼음물을 한 양동이 쏟아부으면 어떻게 될까요?

🌱 아이의 글 :

🌱 부모의 글 :

질문 12

마을에 노래자랑 대회가 열렸어요. 깜짝 이벤트로 어린이 댄스 최강자 선발을 한다고 합니다. 어떤 춤을 출 건가요? 엄마에게 먼저 보여주세요. 결과는 어떻게 될까요?

🌱 아이의 글 :

🌱 부모의 글 :

질문 13

날아가는 비둘기가 똥을 쌌습니다. 이 똥은 어디로 떨어질까요? 무슨 일이 생길까요?

🌱 아이의 글 :

🌱 부모의 글 :

질문 14

우리 집에서 지금 당장 버려도 괜찮은 물건 3가지를 써보세요. 왜 그렇게 생각하나요?

🌱 아이의 글 :

🌱 부모의 글 :

질문 15 엄마를 칭찬해 보세요. 엄마의 어떤 점이 좋은가요? 최대한 많이 써볼까요?

아이의 글 :

부모의 글 :

질문 16

내일부터 단짝 친구가 우리 집에서 함께 살게 되었습니다. 설레고 기대됩니다. 어떤 점이 좋을까요? 어떤 예상치 못한 일이 생길까요? 달라질 나의 하루에 대해 써보세요.

🌱 아이의 글 :

🌱 부모의 글 :

질문 17

아빠처럼 키가 크려면 많이 먹어야 한다고 합니다. 키는 꼭 커야 하는 걸까요? 키가 작으면 안 될까요? 키에 대해 어떻게 생각하나요?

🌱 아이의 글 :

🌱 부모의 글 :

질문 18

엄마가 요즘 살이 많이 쪄서(또는 흰머리가 생겨서/주름이 늘어서) 속 상해 보입니다. 위로의 편지를 써볼까요?

🌱 아이의 글 :

🌱 부모의 글 :

엄마와 함께 끝말잇기를 해보세요. 번갈아 가면서 해도 좋고 따로 해도 좋습니다. 시간을 측정해서 누가 먼저 끝내나 시합도 해보세요. 중간에 특정 단어를 넣고 시작해도 좋습니다. 출발해볼까요?

- 단어 미리 써넣고 하기 -

STAGE

5

질문 01 | 친한 친구가 놀이터에서 울고 있습니다. 친구 엄마는 집으로 걸어가고 계시네요. 친구에게 무슨 일이 있었던 걸까요?

🌱 아이의 글 :

🌱 부모의 글 :

질문 02 │ 마트에서 계란을 사왔는데 얼마 뒤 그중 하나에 금이 가기 시작했습니다. 이제부터 무슨 일이 생길지 써보세요.

🌱 아이의 글 :

🌱 부모의 글 :

질문 03 | 내일 아침 이 세상 모든 아이들이 없어진다면 어떻게 될까요?

🌱 아이의 글 :

🌱 부모의 글 :

질문 04

오늘 아침에 일어나서 한 일 5가지를 써보세요. 눈곱을 떼고 물을 마신 것처럼 아주 작은 행동도 좋습니다. 자유롭게 써봐요!

🌱 아이의 글 :

🌱 부모의 글 :

질문 05

창밖을 보세요. 지금 날씨가 어떤가요? 하늘은 무슨 색이죠? 구름은 어떤가요? 공기의 온도와 냄새는요? 태양은요? 날씨에 대해 자유롭게 써 보세요.

아이의 글 :

부모의 글 :

질문 06

지금 여러분에게 날개가 생긴다면 어떤 일이 벌어질까요? 좋은 점과 나쁜 점을 나눠서 써볼까요?

🌱 아이의 글 :

🌱 부모의 글 :

질문 07

여러분의 얼굴을 글로 써보세요. 인물화를 쓰는 겁니다. 얼굴의 전체적인 모습, 눈코입 등의 생김새, 색깔, 촉감 등을 거울로 보고 손으로 만져보며 써보세요.

🌱 아이의 글 :

🌱 부모의 글 :

질문
08

좋아하는 장난감을 소개해주세요. 그리고 그걸 갖게 된 날을 떠올리며
그날의 기분도 함께 써보세요.

🌱 아이의 글 :

🌱 부모의 글 :

질문 09

혼자 만 원을 들고 마트에 간다고 상상해보세요. 어떤 물건을 살 건가요? 장바구니에 담을 물건을 자유롭게 써보세요. 왜 사는지 이유도 간단히 써주세요.

🌱 아이의 글 :

🌱 부모의 글 :

단어 하나를 쓸 수 있는 크기의 종이 10장을 준비하세요. 각 종이에 빨강, 초록 등 색깔을 쓰세요. 접은 다음 섞어주세요. 이제 준비는 끝났습니다. 엄마와 번갈아가면서 하나씩 고르는 겁니다. 색을 고를 때마다 빈칸에 그 색과 관련 있는 단어를 쓰는 겁니다. 재미있겠죠? 엄마와 시합을 해봐요. 누가 더 많이 쓰는지!

색깔	떠오르는 단어
예) 검정	타이어, 짜장면, 도로, 밤, 도둑, 콜라

색깔	떠오르는 단어

질문
10

도움을 주거나 칭찬을 해줬거나 맛있는 걸 나눠준 일처럼 누군가를 즐 겁게 해준 일이 있나요? 그 일에 대해 써볼까요?

🌱 아이의 글 :

🌱 부모의 글 :

질문 11 여러분은 만화영화 감독으로 악당 세 명을 만드는 중입니다. 악당의 이름을 정하고 각각 특징을 써보세요.

🌱 아이의 글 :

🌱 부모의 글 :

DATE : _____ / _____

질문 12

여러분은 샤워를 하고 있습니다. 온몸에 비누를 칠하고 머리에는 샴푸거품이 가득입니다. 그런데 갑자기 물이 끊겼습니다. 어떻게 할 건가요?

🌱 아이의 글 :

🌱 부모의 글 :

139

질문
13

아팠던 날에 대해 써보세요. 어디가 아팠죠? 아팠던 느낌을 표현해봐요. 엄마, 아빠는 여러분을 어떻게 간호했나요?

🌱 아이의 글 :

🌱 부모의 글 :

질문 14

내 이불과 베개에 대해 써볼까요? 두께, 무늬 같은 생김새부터 촉감, 향기까지. 직접 보고 만지면서 써보세요.

🌱 아이의 글 :

🌱 부모의 글 :

질문 15 | 엄마와 '눈 깜빡이지 않기' 시합을 해봐요. 그리고 어떻게 해야 엄마를 이길 수 있는지 방법을 찾아서 써보세요. 단, 이 시합에 반칙은 없습니다.

🌱 아이의 글 :

🌱 부모의 글 :

질문 16

구름 위에 올라갔더니 솜사탕 장수가 구름을 박스에 담고 있습니다. 그리고는 구름에 설탕가루만 뿌리면 솜사탕이 된다는 비밀을 알려줬습니다. 여러분은 이제 무엇을 할 건가요?

🌱 아이의 글 :

🌱 부모의 글 :

질문 17

여러분은 다른 친구들이 모두 통과한 시험을 앞두고 있어요. 예를 들면 철봉 매달리기, 뜀틀 넘기, 리코더 시험 같은 거죠. 그 기분을 한번 써볼까요? 긴장되거나 떨리거나 흥분되거나 자신감이 넘치거나. 마음을 다양하게 표현해봐요.

🌱 아이의 글 :

🌱 부모의 글 :

질문 18

마트에서 산 맛있는 과자를 엄마가 혼자 드셨어요. 지금 눈앞에는 빈 봉지뿐입니다. 여러분이 가장 좋아하는 그 과자! 어떤 기분일까요? 엄마에게 무슨 말을 하고 싶으세요? 여러분의 감정을 써보세요.

🌱 아이의 글 :

🌱 부모의 글 :

동네에 바자회가 열렸습니다. 집 안의 물건 3개를 골라 책상에 놓으세요. 가격을 정하고 그 물건이 어떤 물건인지 뭐가 좋은지 써보세요. 구경하는 사람에게 사고 싶은 마음이 들도록 잘 써보세요.

물건   어떤 물건인가요?

색연필

가격 : 500원
특징 : 색깔이 많아요. 가볍고 잘 써져요. 쌉니다.
        내가 좋아하던 것이고 포장이 예뻐요. 꼭 사세요~

가격 :
특징 :

가격 :
특징 :

가격 :
특징 :

STAGE
6

질문 01

꽉 막힌 고속도로입니다. 휴게소까지는 아직 많이 남았습니다. 그런데 갑자기 배가 아파옵니다. 어떻게 할 건가요?

🌱 아이의 글 :

🌱 부모의 글 :

질문 02

대한민국 대표 배달음식은 치킨이죠. 치킨에 대해 써보세요. 양념을 좋아하는지 후라이드를 좋아하는지, 얼마나 자주 먹는지, 손으로 집어 먹는지 포크로 찍어 먹는지, 먹는 모습을 상상하며 맛있게 써보세요.

🌱 아이의 글 :

🌱 부모의 글 :

질문
03

좋아하는 노래를 떠올려 보세요. 그리고 엄마에 대한 이야기로 가사를 바꿔 보세요. 다른 이야기로 바꿔도 좋습니다. 노래에 맞춰 부를 수 있게 가사만 바꾸어 써보는 겁니다.

🌱 아이의 글 :

🌱 부모의 글 :

질문 04

200층에 사는 친구집에 가기 위해 엘리베이터를 탔는데 할아버지 한 분이 이미 타고 계십니다. 이분도 200층을 가신다고 해요. 올라가면서 무슨 이야기를 나눌까요?

🌱 아이의 글 :

🌱 부모의 글 :

질문 05

이번 주말에 친구집에 놀러 가는데 밤늦게까지 놀고 싶습니다. 엄마에게 허락을 받기 위한 편지를 써보세요! 뭐라고 쓰면 엄마가 허락해 주실까요?

🌱 아이의 글 :

🌱 부모의 글 :

질문 06

아빠가 빨리 오라며 큰 목소리로 여러분의 이름을 불렀습니다. 무슨 일 일까요? 아빠에게 가면 어떤 일이 벌어질까요?

🌱 아이의 글 :

🌱 부모의 글 :

질문 07 | 타임머신을 타고 과거로 갈 수 있다면 언제로 가고 싶으세요? 그때로 돌아가면 무엇을 할 건가요?

 아이의 글 :

부모의 글 :

질문 08

김치에 대해 써보세요. 잘 먹나요? 얼마나 자주 먹나요? 어떤 맛인가요? 꼭 먹어야 하나요? 안 먹으면 어떻게 되나요? 김치와 관련해서 떠오르는 생각을 모조리 써보세요.

🌱 아이의 글 :

🌱 부모의 글 :

질문
09

설이나 추석 같은 명절이 없어진다면 무슨 일이 일어날까요?

🌱 아이의 글 :

🌱 부모의 글 :

놀이 01

최근에 먹은 음식 이름을 써보세요. 그리고 표 오른쪽에는 음식의 맛을 표현해보세요. 단 규칙이 있습니다. '맛있다'와 '맛없다'는 말은 쓰지 않는 겁니다. 또 한 번 쓴 표현은 다시 쓸 수 없어요. 최대한 다양하게 표현해보세요. 맛 이외의 느낌을 더 써도 좋습니다.

음식 이름

맛과 느낌

| 떡볶이 | 매콤하고 달달하다. 쫄깃하다. 물을 많이 먹게 된다. |

질문 10

도서관에 가서 마음에 드는 책을 한 권 펼쳤습니다. 그런데 펼쳐 보니 '이 책을 읽는 사람은 바보'라고 낙서가 되어 있습니다. 계속 읽을 건가요? 어떻게 할지, 그 이유는 뭔지 써보세요.

🌱 아이의 글 :

🌱 부모의 글 :

질문
11

북극으로 가서 북극곰과 친구를 할 건가요? 아니면 남극으로 가서 펭귄과 살 건가요? 하나만 고르고 그 이유를 써보세요. 그곳의 생활은 어떨까요?

🌱 아이의 글 :

🌱 부모의 글 :

질문 12

우주 악당이 쳐들어와 여러분의 집에 비밀기지를 차렸습니다. 아침부터 저녁까지 식사를 갖다 바치라고 합니다. 악당의 밥을 차려야 하는 여러분의 마음을 써보세요.

🌱 아이의 글 :

🌱 부모의 글 :

질문 13

세 사람이 김밥 세 줄, 음료수 세 병, 바나나 세 개를 들고 기차에 올랐습니다. 이들은 어디로 가는 걸까요? 이들의 이야기를 써보세요.

🌱 아이의 글 :

🌱 부모의 글 :

질문 14 | 내일은 엄마의 생일입니다. 생일카드를 써볼까요? 어떤 말을 하면 좋을까요?

🌱 아이의 글 :

🌱 부모의 글 :

질문 15

밤에 목이 말랐던 여러분은 식탁 위 컵에 담긴 물을 단숨에 들이켰습니다. 그런데 마시고 보니 엄마의 커피였습니다. 무슨 일이 생길까요?

🌱 아이의 글 :

🌱 부모의 글 :

질문 16

여러분은 무엇이든 부술 수 있는 거대한 망치를 갖게 되었습니다. 무엇을 가장 먼저 부수고 싶나요? 물론 경찰에게는 이미 허락을 받아 두었답니다. 부수는 과정을 재미있게 써보세요.

 아이의 글 :

부모의 글 :

질문 17

오래 굶주려 바짝 마른 사자가 살이 통통하게 찐 사슴을 힘겹게 쫓고 있습니다. 여러분에게 화살이 있다면 누구를 쏘아 쓰러뜨릴 건가요? 누구를 도와줄 건가요? 그 이유는 뭔가요?

🌱 아이의 글 :

🌱 부모의 글 :

질문 18 | 해변에서 모래놀이를 놀다가 500원짜리 동전 2개를 주웠어요. 어떻게 할까요?

🌱 아이의 글 :

🌱 부모의 글 :

다음 도형을 설명하는 글을 써보세요. 엄마는 여러분이 설명하는 대로 도형을 그릴 겁니다. 모양, 색깔, 크기, 위치 등을 자세히 친절하게 말해 줘야겠죠? 엄마가 제대로 그리셨나요? 역할을 바꿔서 다시 해보세요. 자, 이번에는 여러분이 도형을 생각해서 그린 다음 설명해 보세요.

도형	도형은 어떻게 생겼나요?
	예) 분홍색 동그라미가 있다. 테두리만 분홍색이다. 안은 흰색이다. 오른쪽 위 1/4은 누가 지웠는지 없다. 시계 바늘이 3시를 가리키면 비슷한 모양이다.

STAGE
7

질문 01 자고 일어나보니 동물원 우리 속입니다. 왼쪽에는 낙타, 오른쪽에는 원숭이가 보이네요. 아무래도 동물로 다시 태어난 것 같습니다. 어떤 동물이면 좋을까요? 오늘 하루 뭐 하며 보낼까요?

🌱 아이의 글 :

🌱 부모의 글 :

질문 02 비가 오는 날에 대해 써보세요. 비 오는 소리는 어떤가요? 냄새는요? 비가 올 때 사람들이 다니는 모습과 차들의 움직임도 써보세요.

🌱 **아이의 글 :**

🌱 **부모의 글 :**

질문 03

아파트도 밟아서 무너뜨릴 수 있는 거인이 있다면 어디에서 살까요?
뭘 먹고 뭐 하며 지낼까요?

🌱 아이의 글 :

🌱 부모의 글 :

질문 04 | 친구 한 명을 생각해보세요. 그 친구 이름, 생김새, 성격, 좋아하는 것, 습관 또는 버릇, 가족 등 알고 있는 모든 것을 써보세요.

🌱 아이의 글 :

🌱 부모의 글 :

질문 05

지금 입고 있는 옷에 대해 써보세요. 무슨 색이고 어떤 모양인지, 입었을 때 편한 느낌을 주는지. 옷을 보며 생각나는 대로 써보세요.

🌱 아이의 글 :

🌱 부모의 글 :

질문 06

화장실에서 볼일을 보고 나오니 가족 모두 움직이지 않습니다. 창밖의 사람들도, 자동차도, 하늘을 나는 새도 그대로예요. 시간이 멈춘 겁니다. 여러분은 무엇을 할 건가요?

🌱 아이의 글 :

🌱 부모의 글 :

질문 07

어른이 아니라 아이라서 좋은 점은 무엇인가요?

🌱 아이의 글 :

🌱 부모의 글 :

질문
08

덩치 큰 경호원 다섯 명이 나를 둘러싸고 있습니다. 나는 누구일까요?

🌱 아이의 글 :

🌱 부모의 글 :

질문 09 | 어항 속 물고기가 입을 뻐끔거리고 있습니다. 무슨 말을 하는 걸까요?

🌱 아이의 글 :

🌱 부모의 글 :

여러분은 기자이고, 엄마와의 인터뷰를 앞두고 있습니다. 아래 빈칸을
채워서 질문을 만들고 엄마에게 물어보세요. 엄마가 어떤 대답을 하게
될까요? 재미있는 질문을 던져 보세요!

1 엄마는 어릴 때 왜 _____ 했어요?
자세히 말해주실 수 있나요?

2 저는 _____를 좋아하는데
엄마는 _____를 어떻게 생각하세요?

3 엄마와 아빠는 언제 _____ 했어요?
그때 기분은 어땠나요?

4 저와 처음으로 _____ 했던 그날의 이야기를
해주시겠어요?

5 저는 엄마의 _____이 가장 좋아요.
엄마는 저의 어떤 점이 좋으세요?

6 지난 주말에는 _____해서 죄송해요.
그때 엄마는 무슨 생각을 하셨나요?

질문 10

친구들과 놀이터에서 놀다가 미끄럼틀을 타고 내려오니 낯선 세상의 입구로 이어졌습니다. 계속 들어가 볼 건가요? 아니면 미끄럼틀을 타고 올라올 건가요? 낯선 세상의 입구에 선 여러분의 이야기를 써보세요.

🌱 아이의 글 :

🌱 부모의 글 :

질문 11

바다에 갔던 그날에 대해 써보세요.

🌱 아이의 글 :

🌱 부모의 글 :

질문 12

구름 한 점 없는 깨끗한 하늘에 대고 딱 두 문장을 쓸 수 있다면 뭐라고 쓸 건가요? 그 글은 이 세상 모든 사람이 볼 수 있습니다.

🌱 아이의 글 :

🌱 부모의 글 :

DATE : _____ / _____

질문 13

생일에는 왜 미역국을 먹을까요? 그 이유를 나름대로 써보세요.

🌱 아이의 글 :

🌱 부모의 글 :

184

DATE : _____ / _____

질문 14

여름방학 때 어디로 여행을 가면 좋을까요? 그곳에서 무엇을 할 건가요?

🌱 아이의 글 :

🌱 부모의 글 :

질문
15

밤이 되면 왜 자야 할까요? 잠을 안 자면 어떻게 될까요?

🌱 아이의 글 :

🌱 부모의 글 :

질문
16

눈을 떠보니 온 동네 사람들이 여러분의 집 앞에 모여 있습니다. 지난달
부터 키운 놀랍고 신기한 반려동물을 구경하기 위해서죠. 어떤 동물을
키우고 있는 걸까요? 소개해 주세요.

🌱 아이의 글 :

🌱 부모의 글 :

질문 17

눈물이 끝없이 샘솟는다면 어떻게 될까요? 웃고 있어도 눈물이 나는 사람에 대해 써보세요.

🌱 아이의 글 :

🌱 부모의 글 :

질문 18

밤이 깊었지만 잠은 오지 않습니다. 여러분은 어떻게 하나요? 엄마, 아빠는 어떻게 여러분을 잠들게 하나요?

🌱 아이의 글 :

🌱 부모의 글 :

놀이 02

다음 그림을 보고 놀이동산 가는 길을 설명해 보세요. 길 가다가 만난 사람에게 말해주는 것처럼 편하게 써보세요.

보기

- 아름유치원에서 경찰지구대 가는 길 -

아름중학교를 지나 사거리가 나올 때까지 쭉 가세요.
거기에서 왼쪽으로 가세요. 가다 보면 오른쪽에 경찰서가 보입니다.

STAGE
8

질문 01

한참을 놀았습니다. 목이 마릅니다. 타들어가는 느낌입니다. 엄마가 주신 시원한 물 한 잔을 마셨습니다. 그 기분을, 느낌을, 감정을 써보세요. 지금 차가운 물을 한 잔 마시고 써도 좋습니다.

아이의 글 :

부모의 글 :

질문 02 엄마의 어린 시절로 돌아가 친구가 되어준다면 어떤 놀이를 해야 신나 게 보낼 수 있나요?

🌱 아이의 글 :

🌱 부모의 글 :

질문 03

30분 뒤 지구가 블랙홀로 빨려 들어가 흔적도 없이 사라진다고 합니다. 그 전에 무엇을 할까요? 여러분의 계획을 써보세요.

🌱 아이의 글 :

🌱 부모의 글 :

질문 04

엘리베이터를 탔는데 방귀 냄새가 납니다. 지금 타고 있는 사람이 뀌었을까요? 아니면 다른 냄새일까요? 여러분의 생각을 써보세요. 이유도 밝혀주세요.

🌱 아이의 글 :

🌱 부모의 글 :

질문 05 엄마에게 여러분의 태몽을 물어보고 그 이야기를 써보세요.

🌱 아이의 글 :

🌱 부모의 글 :

질문
06

여러분이 번개를 맞고 개미만큼 작아졌습니다. 다행히 가족 모두 이 사실을 알게 되었어요. 식탁 위? 욕실 앞? 어디에서 생활해야 할까요? 개미만큼 작아진 여러분의 방을 어떻게 꾸미면 좋을까요?

🌱 아이의 글 :

🌱 부모의 글 :

질문 07

여름방학에 했던 일 중 가장 즐거웠던 일 2가지를 정해 친구에게 재미있게 설명해주세요.

🌱 아이의 글 :

🌱 부모의 글 :

질문 08 공원을 산책하고 있는데 저 멀리 반려견 한 마리가 보입니다. 어떤 모습의 반려견일까요? 짖을까요? 꼬리를 흔들까요? 여러분은 어떻게 행동할까요? 반려견을 본 이후에 생길 일을 써보세요.

🌱 아이의 글 :

🌱 부모의 글 :

질문 09

놀이동산에서 풍선 200개를 들고 있던 아이가 점점 하늘로 떠오르고 있습니다. 여러분이 이 아이를 본 유일한 사람입니다. 이제 무슨 일이 벌어질까요? 여러분은 무엇을 할 수 있나요?

🌱 아이의 글 :

🌱 부모의 글 :

다음 칸에 있는 40개의 글자를 이용해서 최대한 많은 단어를 만들어보세요. 여러분이 즐겁게 단어를 찾는 동안 엄마는 맛있는 간식을 준비하고 있을 겁니다. 만든 단어는 아래 빈칸에 써주세요. 한 글자를 여러 번 써도 좋습니다. 숨은단어찾기를 시작해 볼까요?

빠	음	단	눈	글	생	날	개	케	이
스	연	종	자	사	폰	마	트	필	크
어	우	말	엄	수	아	림	불	크	지
동	씨	식	람	박	앗	악	물	일	미

어떤 단어를 찾았나요?

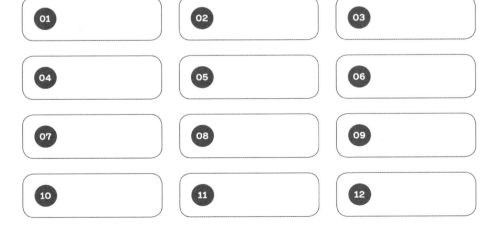

01

02

03

04

05

06

07

08

09

10

11

12

질문 10

오늘은 어떤 거짓말을 해도 괜찮은 날입니다. 모두가 깜짝 놀라게 될 그럴듯한 거짓말을 써보세요.

 아이의 글 :

_____

_____

_____

_____

_____

_____

부모의 글 :

_____

_____

질문
11

코를 팔 때의 기분에 대해 써보세요.

🌱 아이의 글 :

🌱 부모의 글 :

질문 12 저녁을 준비하는 엄마가 밝은 미소를 띠며 콧노래를 부르고 있습니다.
엄마에게 무슨 일이 있는 걸까요?

🌱 아이의 글 :

🌱 부모의 글 :

질문 13 | 밤이 오지 않고 낮만 계속된다면 어떻게 될까요?

🌱 아이의 글 :

🌱 부모의 글 :

질문 14

좋은 아빠란 어떤 아빠인가요? 여러분이 생각하는 좋은 아빠에 대해 써보세요.

🌱 아이의 글 :

🌱 부모의 글 :

질문 15

어떤 물건을 넣으면 아무리 꺼내 써도 그 양이 줄어들지 않는 상자가 있습니다. 여러분은 이 상자에 무엇을 넣고 싶으세요? 이 상자를 갖게 되면 어떤 일이 펼쳐질까요?

🌱 **아이의 글 :**

🌱 **부모의 글 :**

질문 16

계절은 왜 바뀌는 걸까요? 바뀌지 않으면 어떻게 될까요? 어느 계절이 계속되길 바라나요? 그 이유는 무엇인가요?

🌱 아이의 글 :

🌱 부모의 글 :

질문 17

1년 중 가장 기다려지는 날이 있나요? 어떤 날인가요? 그날 무슨 일이 생길 것 같나요? 그날을 상상하며 써보세요.

🌱 아이의 글 :

🌱 부모의 글 :

질문 18

한 번 본 것은 절대 잊어버리지 않는 천재의 두뇌를 갖게 되었습니다. 지나가다 슬쩍 바라본 버스 번호판도 모두 기억하는 여러분의 하루는 어떨까요?

🌱 아이의 글 :

🌱 부모의 글 :

놀이 02 내 마음대로 쓰는 재미있는 글쓰기를 해보겠습니다. 다음 보기처럼 주어진 빈칸을 자유롭게 채워서 쓰는 겁니다. 글자가 조금씩 달라져도 괜찮습니다. 시작해볼까요?

보기

예) 엄마는 내가 _____면 항상 _____한다.

↓

엄마는 내가 자고 일어나면 항상 안아준다.

엄마는 내가 똥을 누면 항상 환풍기를 트신다.

① 나는 _____일 때 가장 _____ 하다.

② 우리 엄마는 _____이라서 좀 _____다.

③ 나는 _____까지 반드시 _____ 할 생각이다.

④ 아빠는 평생 _____ 하실 것 같다.

⑤ 학교는 _____에게 _____이다.

⑥ _____과 _____은 생각만 해도 _____다.

⑦ 엄마는 _____ 때문에 _____ 했다.

STAGE

9

질문 01

태양을 움직일 수 있는 리모콘을 주웠습니다. 그걸로 무엇을 하고 싶으세요? 태양을 마음껏 움직일 수 있다면 무슨 일이 생길까요?

🌱 아이의 글 :

🌱 부모의 글 :

질문
02

저녁을 먹고 자기 전까지 꼭 해야 하거나, 하고 있는 일이 있나요?

🌱 아이의 글 :

🌱 부모의 글 :

질문 03

어떤 가전제품이 일을 가장 많이 하나요? 무슨 일을 얼마나 많이 하는지 써보세요. 또 얼마나 힘들지도 상상해봐요.

🌱 아이의 글 :

🌱 부모의 글 :

질문 04

국가대표 운동선수로 살아야 한다면 어떤 종목이 좋을까요? 그 이유는 뭔가요?

🌱 아이의 글 :

🌱 부모의 글 :

질문 05

오늘 하루 집안일을 도와야 한다면 설거지가 좋을까요, 아니면 빨래가 좋을까요? 그 이유는요?

 아이의 글 :

🌱 부모의 글 :

질문 06 할머니나 할아버지 혹은 아빠나 엄마가 입버릇처럼 하는 말이 있나요? 예를 들면 "아이고, 우리 강아지. 학교는 잘 다니고?" "꼭꼭 씹어 먹어라." "양치질할 때 다섯 번 헹궈라." "인사 잘하고 다녀야지." 그런 말을 생각나는 대로 써보세요.

🌱 아이의 글 :

🌱 부모의 글 :

<table>
<tr><td>질문
07</td><td>지금껏 한 번도 구걸에 성공하지 못한 거지가 있습니다. 여러분은 어떤
말로 용기와 희망을 줄 수 있을까요? 짧은 편지를 써보세요.</td></tr>
</table>

🌱 아이의 글 :

🌱 부모의 글 :

질문 08

여러분은 밤하늘의 별도 모조리 빨아들이는 강력한 청소기를 개발했습니다. 이 청소기로 무엇을 할 수 있을까요?

🌱 아이의 글 :

🌱 부모의 글 :

질문 09

방문을 열고 나오니 엄마가 바닥에 엎드린 채 뭔가를 찾고 있습니다.
무엇을 찾고 있는 걸까요? 그걸 못 찾으면 어떻게 될까요?

🌱 아이의 글 :

🌱 부모의 글 :

아래 표처럼 두 단어 사이에는 공통점이 있죠? 이런 식으로 쭉 이어가
다 보면 '원숭이 엉덩이는 빨개~'에서 시작한 노래가 '높으면 백두산'
으로 끝납니다. 오늘은 여러분이 줄줄이 비엔나 소시지처럼 이런 단어
사슬을 만들어보는 겁니다.

다음 빈칸을 채워볼까요? 여러분이 공통점을 찾고 다음 단어도 쓰는 거예요. 어렵지
않습니다. 떠오르는 대로 만들어봐요. 그리고 엄마랑 같이 노래로 만들어 불러봐요. 음
정, 박자는 틀려도 괜찮답니다!

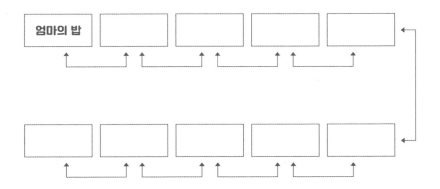

질문 10

집을 소개해 보세요. 방은 어떻게 되어 있고 방마다 무엇이 있으며 누가 쓰고 있나요? 여러분이 가장 좋아하고 가장 오래 머무는 곳은 어디인가요?

🌱 아이의 글 :

🌱 부모의 글 :

질문 11 | 이 세상에 숫자가 사라진다면 무슨 일이 생길까요?

🌱 아이의 글 :

🌱 부모의 글 :

질문 12 | 마음에 드는 친구가 함께 놀자고 말을 걸어왔습니다. 어떻게 놀면 금세 친해질까요?

🌱 아이의 글 :

🌱 부모의 글 :

질문 13

낙하산을 메고 하늘에서 내려오고 있습니다. 지나가던 참새가 어디 가는 길이냐고 물어옵니다. 여러분은 어디로 가고 있나요? 거기에서 무엇을 할 생각인가요? 무슨 일이 펼쳐질지 써보세요.

🌱 아이의 글 :

🌱 부모의 글 :

질문 14

산타할아버지가 근사한 크리스마스 선물을 주고 가셨어요. 그런데 올해부터는 선물값을 받겠다고 합니다. 그래서 집에 있는 물건 중 하나를 드리기로 했어요. 받고 싶은 선물과 줄 수 있는 물건을 써볼까요? 그렇게 정한 이유도 설명해주세요.

🌱 아이의 글 :

🌱 부모의 글 :

질문
15

내가 남자(여자)라면 뭐가 좋을까요? 나쁜 점은 뭘까요?

🌱 아이의 글 :

🌱 부모의 글 :

질문 16

여러분이 쓴 글을 엄마에게 보여드렸습니다. 엄마가 어떤 말을 해주시면 좋을까요? 듣고 싶은 이야기를 써보세요.

🌱 아이의 글 :

🌱 부모의 글 :

질문 17

여러분은 남극기지의 과학자입니다. 2년의 생활을 마치고 내일이면 집으로 돌아갑니다. 오랫동안 친구가 되어 준 펭귄가족에게 작별 편지를 써보세요.

🌱 **아이의 글 :**

🌱 **부모의 글 :**

질문 18 | 엄마를 얼마나 사랑하는지 '돼지'와 '책상'이라는 단어를 넣어서 써 보세요.

🌱 **아이의 글 :**

🌱 **부모의 글 :**

놀이 02

단어 또는 문장을 찾아 세로로 쓰세요. 그리고 다음과 같이 그 글자로 시작하는 짧은 글을 하나 써보세요.

보기 | 게임

가	**가**방을 열자
나	**나**비가 나왔다.
다	**다**리 밑에서
라	**라**면을 먹을 때 들어왔나 보다.
마	**마**음이 아팠다.
바	**바**로 하늘로 날아갔다.
사	**사**랑하는 가족에게 가는 거겠지?
아	**아**빠, 엄마랑 행복하게 살아라!

STAGE
10

질문 01 | 온 가족이 낚시를 갔습니다. 한참을 기다리던 끝에 여러분의 낚싯줄에 뭔가 잡혔습니다. 과연 뭘까요? 옆 사람들은 뭐라고 할까요?

🌱 아이의 글 :

🌱 부모의 글 :

질문
02

눈이 녹으면 물이 됩니다. 녹지 않고 계속 쌓이면 이 세상은 어떻게 될까요?

🌱 아이의 글 :

🌱 부모의 글 :

질문 03 | 팔다리를 살펴보세요. 상처가 있나요? 그 상처에 대해 엄마와 얘기를 나눠보고 글로 써볼까요?

🌱 아이의 글 :

🌱 부모의 글 :

질문 04 여러분이 하루 동안 경찰이 될 수 있다면 무엇을 해보고 싶으세요?

🌱 아이의 글 :

🌱 부모의 글 :

질문 05

하루 종일 놀 수 있다면 뭘 하고 놀 건가요? 어떤 기분일지도 함께 써보세요.

🌱 아이의 글 :

🌱 부모의 글 :

질문 06   여러분이 생각하는 아주 더운 날씨를 설명해 주세요. 사람들의 행동, 공기의 느낌, 하늘의 색깔 등 최대한 자세하게 써보세요.

🌱 아이의 글 :

🌱 부모의 글 :

질문 07

여러분은 동물축구단의 감독입니다. 어떤 동물이 캡틴(주장)을 하면 좋을까요? 왜 그렇게 생각하나요? 다른 동물들에게 여러분의 생각을 설명해주세요.

🌱 아이의 글 :

🌱 부모의 글 :

질문
08

1년 동안 모은 돼지저금통을 뜯었습니다. 그 돈으로 무엇을 할 건가요?
돈을 사용하면서 무슨 일이 생길지 써보세요.

🌱 아이의 글 :

🌱 부모의 글 :

질문 09

내일 아침 남편이(아내가) 생긴다면 나의 하루는 어떻게 바뀔까요?

🌱 **아이의 글 :**

🌱 **부모의 글 :**

놀이
01

스피드 퀴즈를 해봐요. 우선 '동물, 음식, 학용품, 이동수단' 같은 분야를 정하세요. 그리고 그 분야에 해당되는 사물 12개를 골라 아래 빈칸에 씁니다. 동물을 골랐다면 사자, 기린, 코끼리, 고래 등을 쓸 수 있겠죠. 그리고 이 단어들을 설명하는 겁니다. 주어진 시간은 단 2분. 답을 맞히는 사람은 답만 쓰되 물어볼 수 없습니다. 그러니 단번에 알 수 있게 설명해야겠지요? 예를 들어 '짜장면'을 설명할 때는 '검은 소스가 있는 면. 중국집에서 먹어요'라고 가장 두드러지는 특징을 설명하는 겁니다. 준비가 끝났나요? 그럼, 시작할까요?

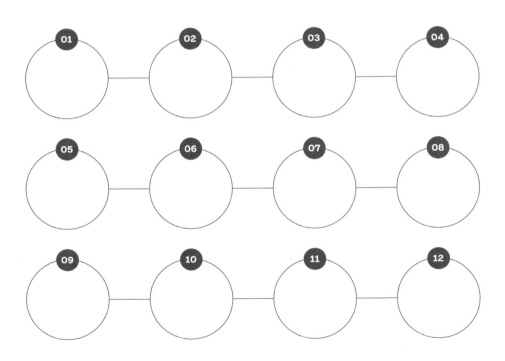

질문 10

친구가 귓속말로 "너의 비밀을 알고 있어!"라고 말을 했습니다. 순간 여러분의 얼굴은 빨갛게 달아올랐어요. 그 비밀이 뭘까요? 친구에게 차마 말하지 못한 비밀을 써보세요.

🌱 아이의 글 :

🌱 부모의 글 :

질문 11 | 엄마가 칫솔에 치약을 짜달라고 했는데 실수로 샴푸를 짜서 드렸습니다. 무슨 일이 생길까요?

🌱 아이의 글 :

🌱 부모의 글 :

질문 12

여러분은 슈퍼히어로 영화를 만들고 있는 감독입니다. 주인공의 이름을 짓고 3가지 초능력을 만들어주세요!

🌱 아이의 글 :

🌱 부모의 글 :

질문 13

어린이만 100명이 모여 사는 마을이 있습니다. 그 마을의 아침은 어떤 모습일까요?

🌱 아이의 글 :

🌱 부모의 글 :

질문 14

참외 크기의 알 세 개를 품고 있는 꿈을 꾸다가 깼습니다. 만약 그 알이 부화했다면 어떤 일이 생겼을까요?

🌱 아이의 글 :

🌱 부모의 글 :

질문 15

사탕이 무엇인지 모르는 친구에게 사탕이 무엇인지 설명해주세요.

🌱 아이의 글 :

🌱 부모의 글 :

질문 16

이틀 뒤 단짝 친구가 이사를 간다고 합니다. 내일 딱 하루 함께 놀 수 있는 시간이 있습니다. 무엇을 할 건지 써보세요.

아이의 글 :

부모의 글 :

질문 17

엄마가 속상한 일이 있어 울고 있습니다. 엄마를 위로하는 편지를 써보세요.

🌱 아이의 글 :

🌱 부모의 글 :

질문 18

아침이 되었지만 밖은 여전히 캄캄합니다. 뉴스를 틀어 보니 태양이 아파서 병원에 입원했다고 하네요. 바깥을 환하게 할 수 있는 방법을 찾아 써보세요.

🌱 아이의 글 :

🌱 부모의 글 :

보기를 참고하여 아래의 칸에 감정 25가지를 찾아 써넣으세요. 모두 채웠다면 엄마와 빙고게임을 해 보세요. 동그라미 치고 싶은 감정이 있으면 그 감정을 느낀 자신의 경험을 이야기하면 됩니다. 먼저 세 줄을 완성하세요!

좋은, 사랑하는, 고마운, 기쁜, 만족하는, 기대하는, 편안한, 자랑스러운, 감동적인, 신나는, 재미있는, 궁금한, 용기 있는, 자신 있는, 행복한, 좌절한, 귀찮은, 변덕스러운, 답답한, 억울한, 화난, 싫은, 짜증나는, 속상한, 미안한, 걱정되는, 불쌍한, 지루한, 외로운, 피곤한, 불편한, 후회되는, 실망한, 무서운, 불안한, 끔찍한, 괴로운, 오싹한, 부끄러운, 자신 없는, 어려운, 어색한, 슬픈, 질투하는, 당황스러운

빙고게임

STAGE

11

질문 01 | 피자집에서 일하게 되었습니다. 배달, 서빙, 피자 만들기, 계산 중 어떤 일이 나와 제일 잘 어울릴까요? 그 일을 하는 모습을 써볼까요?

🌱 아이의 글 :

🌱 부모의 글 :

질문 02

아빠를 칭찬해주세요. 아빠는 무엇을 잘하나요? 아빠의 어떤 점이 좋은가요?

🌱 아이의 글 :

🌱 부모의 글 :

질문 03

모든 어린이들이 만나고 싶어 하는 아이돌스타가 되었습니다. 지금 문 밖에는 사인을 받으려는 동생들이 기다리고 있습니다. 여러분의 사인을 먼저 그려보고 동생들에게 꿈과 희망을 줄 수 있는 말을 써보세요.

🌱 아이의 글 :

🌱 부모의 글 :

질문 04

최근 읽은 책 중에 재미있었던 책을 하나 소개해주세요. 주인공은 누구였나요? 어떤 부분이 특히 재미있었나요?

🌱 아이의 글 :

🌱 부모의 글 :

질문 05

시장에 갔더니 비닐봉지에 방귀를 넣어 파는 사람이 있습니다. 많은 사람들이 방귀봉지를 사고 있는데 그걸 어디에 쓰려는 걸까요?

🌱 아이의 글 :

🌱 부모의 글 :

동물왕국 체육대회에서 고릴라 10마리와 코뿔소 10마리가 줄다리기를 하고 있습니다. 어느 팀이 이길까요? 휘슬소리와 함께 펼쳐질 경기의 모습을 중계해주세요.

🌱 아이의 글 :

🌱 부모의 글 :

질문 07

10분 뒤에 무슨 일이 생기는지 알 수 있는 초능력이 생겼습니다. 이 능력으로 뭘 할 수 있을까요? 여러분에게는 어떤 일이 일어날까요?

🌱 아이의 글 :

🌱 부모의 글 :

질문 08 내일부터 물고기나 새 둘 중 하나로 살아야 한다면 무엇을 선택할 건가요? 물고기나 새로 살게 되면 어떤 점이 좋을까요? 힘든 점은 무엇일까요?

🌱 아이의 글 :

🌱 부모의 글 :

질문 09 | 산타할아버지가 함께 일할 어린이를 찾고 있습니다. 나를 뽑아달라는 편지를 써보세요. 나는 어떤 사람인지, 무엇을 잘할 수 있는지 알려주세요.

🌱 아이의 글 :

🌱 부모의 글 :

청개구리 게임을 해보겠습니다. 먼저 엄마가 왼쪽 칸에 아무 단어나 쓰세요. 그다음 여러분은 엄마가 쓴 단어와 반대되는 단어를 쓰면 됩니다. 이때 반대라고 생각하는 이유를 써주세요. 왼쪽과 오른쪽, 낮과 밤처럼 정확히 반대가 되는 단어들도 있지만 김치와 우유처럼 '매운 것과 맵지 않은 것'으로 구분할 수 있는 단어들도 있습니다. 중요한 건 반대라고 생각하는 이유를 쓰는 겁니다.

엄마의 단어	반대되는 단어	이유
예 태양	달	태양은 낮에, 달은 밤에 뜬다.
예 밥	짜장면	밥은 희고 짜장면은 검다.

질문
10

세상 사람 모두가 하나, 둘, 셋 하고 동시에 오줌을 누면 무슨 일이 생길까요?

🌱 아이의 글 :

🌱 부모의 글 :

싫어하는 것 3가지만 써보세요. 기분을 나쁘게 만드는 것이면 무엇이든 좋습니다. 왜 기분이 나쁜지도 알려주세요.

🌱 아이의 글 :

🌱 부모의 글 :

질문 12

여러분은 선생님입니다. 방금 전 두 친구가 싸웠습니다. 한 친구가 다른 친구의 장난감을 말도 없이 빼앗았습니다. 같이 갖고 놀자고 30분 동안 부탁했는데 싫다고 했기 때문이랍니다. 두 친구를 어떤 말로 타이르고 화해시킬 건가요?

🌱 아이의 글 :

🌱 부모의 글 :

질문 13

엄마, 아빠와 함께한 재미있는 놀이에 대해 소개해주세요. 어떻게 하는 건가요? 최근에 언제 했나요? 그날의 이야기를 들려주세요.

🌱 아이의 글 :

🌱 부모의 글 :

질문 14

방귀를 뀔 때마다 양과 냄새를 측정해서 벌금을 물린다면 어떤 일이
생길까요?

🌱 아이의 글 :

🌱 부모의 글 :

질문
15

가족이 아팠던 날에 대해 써보세요. 그날 여러분과 다른 가족들은 뭘
했나요? 어떻게 아픈 가족을 보살폈나요? 어떤 마음이 들었나요?

🌱 아이의 글 :

🌱 부모의 글 :

질문 16

남들에게 자랑할 만한 태도나 습관이 있다면 써보세요. 최근에 잘한 일이나 남을 도운 일을 써도 좋습니다. 밥을 잘 먹는 것, 제때 자는 것, 건강하게 잘 자라는 것을 써도 좋습니다. 엄마와 대화를 나눠보세요. 여러분은 무엇을 잘하고 있나요? 자신을 칭찬해 주세요.

🌱 아이의 글 :

🌱 부모의 글 :

질문
17

1년 전에 있었던 일을 생각나는 대로 써보세요. 정확하지 않아도 좋습니다.

🌱 아이의 글 :

🌱 부모의 글 :

질문 18

지금은 나에게 없지만 머지않아 갖게 되길 바라는 3가지만 써보세요.
그리고 그 이유도 함께 써보세요.

🌱 아이의 글 :

🌱 부모의 글 :

아래에 비슷하지만 다른 그림이 있습니다. 어떤 부분이 다른지 최대한 찾아서 써봅시다.

보기

무엇이 다른가요?

① 왼쪽 사진에는 이가 보인다.   ② 왼쪽 눈썹은 갈매기 같다.

③ _____   ④ _____

⑤ _____   ⑥ _____

이번에는 엄마가 서로 다른 표정의 사진을 찍어 위의 사진처럼 관찰자료를 준비해주세요. 여러분의 얼굴 표정을 찍어도 좋습니다. 비슷한 듯 다른 얼굴 사진을 보며 무엇이 다른지 찾아보세요.

① _____   ② _____

③ _____   ④ _____

⑤ _____   ⑥ _____

STAGE

12

질문 01

목욕을 하고 나오는 길입니다. 바나나우유, 딸기우유, 초코우유 중 하나를 마실 수 있다면 어떤 걸 고를 건가요? 다른 식구에게는 어떤 음료수가 어울릴까요? 그 이유도 함께 써보세요.

🌱 아이의 글 :

🌱 부모의 글 :

질문 02

딱 하루 대통령이 될 수 있다면 무엇을 해보고 싶으세요?

🌱 아이의 글 :

🌱 부모의 글 :

질문 03

여러분 앞에 세 개의 문이 있습니다. 첫 번째 문을 열어보니 정원이 나오고 두 번째 문을 여니 사막이 보입니다. 세 번째 문은 어떤 곳으로 이어질까요? 그곳의 모습을 써보세요.

🌱 아이의 글 :

🌱 부모의 글 :

질문
04

오늘 어린이집 혹은 학교에서 먹은 점심 메뉴에 대해 써보세요. 뭐가 나왔나요? 맛은 어땠나요? 심사위원이 되어 점심 메뉴에 점수를 주고 평가해 보세요!

아이의 글 :

부모의 글 :

질문

05

여러분은 지금 '내일이 빨리 왔으면 좋겠다'는 생각에 빠져 있습니다.
왜 내일을 기다릴까요? 무슨 일이 생기면 좋을까요?

 아이의 글 :

부모의 글 :

질문 06

지금부터 엄마를 1분 30초 동안 관찰하면서 행동 하나하나를 써보세요. 눈을 깜빡인다. 머리카락을 넘긴다. 뭐든 좋으니 작은 행동도 놓치지 마세요.

🌱 아이의 글 :

🌱 부모의 글 :

질문 07 | 과거로 돌아가 위대한 문자 한글을 만든 세종대왕을 만났습니다. 옆에는 이순신 장군도 있네요. 무엇을 함께하고 싶은지 3가지만 써보세요.

🌱 아이의 글 :

🌱 부모의 글 :

질문 08 | 여러분이 내일부터 돈을 벌어야 한다면 무슨 일을 할 수 있나요? 어떻게 돈을 벌게 될까요?

🌱 아이의 글 :

🌱 부모의 글 :

질문 09

젖소가 아침마다 목장주인에게 우유를 빼앗겨 불만이 많이 쌓였습니다. 새끼 먹일 젖도 부족하기 때문입니다. 젖소를 타이를 수 있는 방법에 대해 써보세요.

🌱 아이의 글 :

🌱 부모의 글 :

놀이
01

공통점 찾기 게임을 해보겠습니다. 주사위를 던져 나온 만큼 전진하세요. (1번~40번 다시 1번으로 순환) 해당 칸의 단어와 엄마가 어떤 공통점을 가지고 있는지 말하면 됩니다. 예를 들면, '엄마'와 '컵'은 모두 주방에서 많이 볼 수 있는 특징이 있습니다. 혹은 '하얀 편이다'고 해도 되고요. 정답은 없어요. 여러분의 생각을 말하는 겁니다. 엄마와 번갈아가면서 해보세요. 또는 집에 단어카드가 있다면 하나씩 고르면서 이 같은 방법으로 말을 해도 됩니다. 공통점이 도저히 생각나지 않는다면 엄마와 관련된 이야기를 해도 좋습니다. "엄마는 커피를 아주 좋아해요"처럼 말이죠.

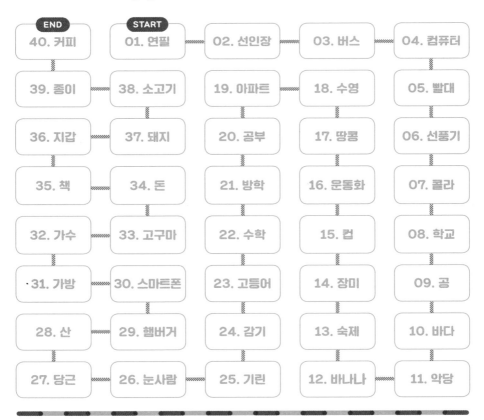

**질문
10**

친한 친구가 놀러 와서 짜장면과 탕수육을 시켰습니다. 그런데 친구가 하필 흰 옷을 입고 왔네요! 어떻게 해야 친구는 짜장을 묻히지 않고 먹을 수 있을까요? 방법을 써보세요.

🌱 아이의 글 :

🌱 부모의 글 :

질문 11

내가 가장 아끼는 물건에 대해 써보세요. 무엇인가요? 언제 어디에서 갖게 되었나요? 누가 준 건가요? 얼마나 아끼는지 여러분의 마음을 써 보세요.

🌱 **아이의 글 :**

🌱 **부모의 글 :**

질문 12 | 눈이 펑펑 오는 날 밖에서 신나게 놀았던 일에 대해 써보세요.

 아이의 글 :

부모의 글 :

**질문
13**

아무도 없는 섬에 혼자 살고 있습니다. 아침부터 밤까지 무엇을 할까요?

🌱 **아이의 글 :**

🌱 **부모의 글 :**

질문
14

초등학생이 되면 무엇이 달라지나요? 동생에게 설명해준다는 생각으로 써보세요. 아직 초등학생이 아니라면 상상해서 써보세요.

아이의 글 :

부모의 글 :

질문 15

독수리가 비둘기를 사냥하기 위해 빠른 속도로 날아가고 있습니다. 독수리의 입장에서 사냥하는 과정을 써보세요.

🌱 아이의 글 :

🌱 부모의 글 :

질문 16

다섯 문장으로 오늘 하루를 설명해 주세요.

🌱 아이의 글 :

🌱 부모의 글 :

감기에 걸리지 않으려면 어떻게 해야 하나요? 여러분이 생각하는 감기 예방법을 5가지만 써보세요. 효과가 없어도 좋습니다. 여러분 생각을 써보세요.

🌱 아이의 글 :

🌱 부모의 글 :

질문 18

아빠와 엄마, 누나와 동생, 그리고 할머니와 할아버지. 이렇게 여섯 식구가 햄버거 하나를 놓고 식탁에 앉아 있습니다. 이 햄버거는 누가 먹게 될까요? 그 이유는 무엇인가요? 다른 사람들은 어떻게 배를 채울까요?

🌱 아이의 글 :

🌱 부모의 글 :

놀이
02

엄마와 함께 아래 빈칸을 채워보세요. 어떤 단어든지 좋습니다.

짜장면	자동차			

단어를 다 채웠다면 이 중 5개를 골라 짧은 글을 하나 써보세요. 실제 여러분의 이야기여도 좋고 상상해서 이야기를 지어내도 괜찮습니다.

보기

예) 선택한 단어: 짜장면, 자동차, 나무, 연필, 구름

오늘은 구름이 많은 날이었다. 저녁에는 짜장면을 먹었다. 자동차를 타고
나무가 우거진 공원을 지나갔다. 식당 직원은 연필로 주문을 받아 적었다.

선택한 단어: _____, _____, _____, _____, _____

부록

노트에 직접 질문을 만들어 활용해보세요!

✽ 라면은 왜 꼬불꼬불할까요? 면발이 일자면 어떨까요? 라면의 생김새, 맛, 맛있게 먹는 법 등을 써보세요.

✽ 집 앞 가로수가 모두 말라가고 있습니다. 나무에게 무슨 일이 생긴 걸까요?

✽ 모기에 물렸던 일에 대해 써보세요. 물린 부분이 가려울 때 여러분은 어떻게 했나요? 부모님은 어떻게 도와주셨나요?

✽ 방학이나 휴가에 만나고 싶은 친척은 누구인가요? 그 사람을 소개해 주세요.

✽ 이유도 모른 채 혼나거나 친구의 잘못을 내가 덮어쓴 경우가 있나요? 억울했던 일에 대해 써보세요.

✽ 외출했다가 집에 들어왔는데 서랍이 모두 열려 있고 옷이 널브러져 있습니다. 세면대에는 물이 넘쳐흐르고 있네요. 무슨 일이 있었던 걸까요?

✽ 하늘에서 내리는 눈이 파란색이면 어떤 일이 생길까요?

✽ 우리는 왜 신호등 색깔이 빨간색일 때 멈추고 녹색일 때 움직일까요?

✽ 여러분의 시계는 오후 2시를 가리키고 있습니다. 태양도 하늘 높이 떠 있습니다. 그런데 엄마, 아빠는 물론 주변 사람 모두 지금이 밤 9시라고 합니다. 무슨 일인가요?

✽ 잠에서 깨어 보니 온 가족이 모여 눈물을 흘리고 있습니다. 무슨 일이 있는 걸까요? 여러분은 어떻게 해야 할까요?

✻ 사람도 나무처럼 햇빛과 물만으로 자랄 수 있다면 어떻게 될까요? 밥을 먹지 않아
  도 된다면 우리의 하루는 어떻게 바뀔까요?

✻ 당근, 김치, 고기, 레몬, 약 등 무엇을 먹어도 달콤하게만 느껴진다면
  어떤 일이 생길까요?

✻ 속상하고 화났던 순간에 대해 써볼까요? 섭섭했던 일도 좋습니다.
  마음이 좋지 않았던 일에 대해 얘기해 볼까요?

✻ 사자와 호랑이가 싸운다면 누가 이길까요?

✻ 추운 겨울이 가고 봄이 온다는 것을 어떻게 알 수 있나요?

✻ 어느 계절을 가장 좋아하나요? 어떤 점이 좋나요?
  그 계절이 오면 무엇을 할 수 있나요?

✻ 여러분은 아프리카에 사는 밀림의 왕, 사자입니다.
  1년에 한 번 태평양에 사는 고래 친구를 만나러 가는데 무엇을 준비해야 할까요?
  만나면 무슨 이야기를 나눌까요?

✻ 섬은 어떻게 떠내려가지도 않고 그 자리에 계속 떠 있는 걸까요?

✻ 여러분이 알고 있는 재미있는 이야기를 써보세요.
  생각이 안 나면 하나 만들어내도 좋습니다.

✻ 지구의 모든 바다가 한순간에 증발해 버리면 어떤 일이 생길까요?

✻ 딸꾹질이 날 정도로 놀라서 심장이 쿵쾅거렸던 경험이 있나요?
  깜짝 놀랐던 일에 대해 써보세요.

권귀헌 글쓰기교육전문가이자 세 아이와 함께 시간을 보낼 때가 가장 행복하다고 말하는 다정한 육아 대디이다. 육군사관학교를 졸업, 서울대학교에서 교육학 석사를 거쳐 국방어학원에서 한국어학과장, 학처장을 역임하며 외국 장교들에게 우리나라 말과 문화를 강의했다. 현재 기업과 학교 등 다양한 단체를 대상으로 활발하게 강연 활동을 하고 있다. 저서로는 『초등 글쓰기 비밀수업』, 『엄마의 글공부』, 『질문하는 힘』 등이 있다.

부모와 아이의 소통일기

1판 1쇄 발행 2019년 10월 21일
1판 2쇄 발행 2019년 12월 12일

지은이 권귀헌
발행인 오영진 김진갑
발행처 (주)심야책방

책임편집 박수진
기획편집 이다희 진송이 지소연 김율리 박은화 허재희
디자인팀 안윤민 김현주
마 케 팅 박시현 신하은 박준서
경영지원 이혜선

출판등록 2006년 1월 11일 제313-2006-15호
주   소 서울시 마포구 월드컵북로5가길 12 서교빌딩 2층
전   화 02-332-3310
팩   스 02-332-7741
블 로 그 blog.naver.com/midnightbookstore
페이스북 www.facebook.com/tornadobook

ISBN 979-11-5873-152-6   13590

이 도서의 국립중앙도서관 출판예정도서목록(CIP)은
서지정보유통지원시스템 홈페이지(http://seoji.nl.go.kr)와
국가자료종합목록 구축시스템(http://kolis-net.nl.go.kr)에서 이용하실 수 있습니다.
(CIP제어번호 : CIP2019036772)